金塊文化

金塊文化

全球最大中文網路書店

當當網創業筆記

李國慶、俞渝的事業與愛情

劉世英◎策劃
李良忠◎著

序

二〇〇四年，亞馬遜開出一．五億美金收購當當網七〇%的股權。這一年，周鴻禕以一．二億美元把「3721」賣給了雅虎，騰訊上市，馬化騰身價數億。

億萬富翁，這個時代成功的頭銜，李國慶拒絕了亞馬遜。那些和他一同出道的比他年輕的人都發達了。二〇〇〇年起步的百度CEO李彥宏、一九九八年下海的馬化騰，都是腰纏億貫，李彥宏是二〇一一年中國大陸的首富，馬化騰也身價數百億。

圖書是一個微利行業，當當網持續虧損九年，虧了三千萬美元，二〇〇九年獲利了，平均毛利率二〇%左右，淨利率則為三%，淨利潤為一千六百九十二萬元。這點利潤與騰訊比起來，可謂小巫見大巫。騰訊二〇〇八年，一天的利潤就有三千五百萬元。騰訊從二〇〇〇年開始就獲利數億，二〇一〇年獲利八十多億，淨利潤率最高曾達到五十三．四八%，一般都在三十%以上。

圖書是一種社會效益大於經濟效益的產品，是一種乾淨又寂寞的產品，不像遊戲那樣是是非非太多。但是圖書的利潤非常低，與遊戲比起來，圖書簡直就是雞肋，二〇一〇年騰訊的二百億收入中，遊戲占了一百億，史玉柱的巨人網路遊戲毛利率曾高達九十%以上。人人都爭著開發遊戲，很少人爭著網上賣書，是一個很寂寞的行業。遲遲不獲利、又不願賣掉，當當網就陷入了一種奇怪的狀態。

做網路的都是急功近利的多，哪個不是希望趕緊養大，然後賣掉收錢。為什麼李國慶要堅守寂寞的十年？為什麼李國慶拒絕一夜暴富的機會？是什麼力量讓李國慶如此堅持？

李國慶與俞渝都是精明的商人，所以他們能夠在殘酷的網路行業生存下來。李國慶熟悉出版行業，做事穩健，善控成本，吃苦耐勞，目光長遠，俞渝積累了大量的風險投資關係，高超的財務技巧，豐富的跨國管理經驗，可謂珠聯璧合。憑著穩健的經營，當當度過了網路最寒冷的二〇〇〇年，依然得到風險投資的青睞。而其他數百家同行早就不見蹤影。

李國慶有深厚的人文情結。當當網開張第二周，一個偏僻山區的顧客在網上訂貨，從郵局匯款，然後又從郵局寄書給他。原來，網上賣書可以賺錢，還能把書賣到更加遼闊更加偏僻更加遙遠的地方，這些地方是新華書店等傳統管道觸及不到的。這大大地激發了李國慶的知識份子情懷。

「窮則獨善其身，達則兼濟天下」，用商業的手段讓天下更多人讀更多書，這種兼濟天下的胸懷，也許是支撐李國慶夫婦多年堅持的精神動力吧。這也就能夠解釋為什麼當當網的毛利很低，淨利很少，價格總是很便宜。

馬雲曾說，李國慶、俞渝夫婦在傻幹。從商業角度來說，比李國慶夫婦成功的網路人士很多，但是從人文角度來看，比李國慶夫婦如此頑強堅守的不多。一半是商人的精明，一半是人文的情懷。這是李國慶夫婦的最好寫照。

感謝《二十一世紀經濟報導》資深記者侯記勇先生在聯繫當當網相關人員中給予的大力支持和幫助；本書是在跟鄭祥琥合作的《當當情緣》書稿基礎上的升級版本，在書稿修稿過程中，韓同偉和熊江做了大量的工作；當當網郭鶴總監在修改過程中提供了大量的一手資料和寶貴意見，廣天響石企業機構董事長劉世英先生及其團隊成員亦對本書提出許多寶貴的意見，在此一併表示衷心的感謝，由於作者水準所限，本書不足之處敬請廣大讀者批評指正。

二〇一一年六月

目錄

C·O·N·T·E·N·T·S

C·O·N·T·E·N·T·S

C·O·N·T·E·N·T·S

第一章 閃婚夫妻創生當當網

當當網的發展歷程中，最有意思的是「聯合總裁」這一許多公司沒有過的職位設立。一般來說，夫妻創業，還是應該分個主次，可是在當當網中，妻子俞渝貌似更掌握主動。其實這是外界的一個誤解，由於李國慶不喜歡跟媒體打交道，覺得有點浪費時間，所以夫妻倆在最初分工的時候，李國慶就讓妻子來應對媒體採訪。

當俞渝頻頻面對記者和閃光燈，逐漸形成了一個錯覺，彷彿當當網是俞渝為主做起來的，李國慶是個配角。有時候李國慶碰到老熟人，別人會問：「聽說你老婆做當當網做得不錯。」李國慶總是啞然失笑，說：「怎麼是我老婆在做呢。我也做，而且是以我為主。」

俞渝的強項是融資，而李國慶的強項就是豐富的人脈關係，敏銳的市場感知力，理智的管理能力。李國慶與投資人的關係總是若即若離，李國慶甚至鬧過辭職，向投資人逼宮。這後面都是溫柔聰慧的俞渝在替他處理各種關係，所以李國慶感歎：創業的合夥人一定要選好。自己之前的創業失敗主要是合夥人搭配不好。李國慶能得到俞渝這樣賢慧、睿智的妻子的支持，他是幸福的，也是幸運的。

一、相識之前：彩翼單飛

李國慶在北大學的是社會學專業，俞渝在北外是學習英語專業，這跟商業都不沾邊。如果按照常規認知的人生路線，李國慶會成為一名政府機關幹部，甚至有可能成為中央領導，而俞渝會成長為一名優秀的翻譯。但是沒有，他們沒有按照這樣的人生走下去，他們不約而同選擇了不一樣的人生路，一個選擇「在垃圾上跳舞」，一個則勇闖美國華爾街。

■北大狂人　機關智囊

北大生涯：帶著秘書的狂學生

李國慶，一九六四年十月一日出生於北京，父母為紀念李國慶生在國慶日，給李國慶取名「國慶」。說起「國慶」這個名字其中還有段曲折的故事呢。李國慶小時候「國慶」一直是當小名在叫，後來上學了也就沒換，他的正名「李增雙」反而沒用過。那個時代特別流行給小孩子取名叫「國慶」，對此小國慶感覺挺有壓力的，覺得這麼俗的名字長大肯定沒什麼出息，總怪媽媽為什麼不給自己取個文雅的名字。

長大後的李國慶對此就釋然了，他說：「現在越來越發現那些取俗名字的人都躍然榜上了。仔細想想也對，我們這一撥人都是建國後生的，名字容易起俗了，國慶、建軍、建國什麼的。叫這些名字的人，有不少現在都挺有成就的。」

少年時期的李國慶聰明伶俐，他中學就讀於北京師範大學第二附屬中學。李國慶從小就喜好參加社會活動，在中學期間，李國慶就是校學生會主席。他那時參加了很多活動，包括給《中國青年報》當少年記者。作為校學生會主席，李國慶還籌辦了一些演講大賽。高中時候的李國慶就開始謀劃積攢人脈，李國慶回憶說：「在我們這種市重點學校來講，考上北大不是問題，還要增加點兒技能。大學時在學校當學生幹部，當時別人有些不理解，覺得花時間，但我自己覺得高中生活最重要的就是學生幹部經歷，參加了很多社會活動，不是商業活動。這種社會活動鍛煉自己的接觸面，這些人脈是很重要的。」

一九八三年李國慶以優異成績考入北京大學社會學系，李國慶認為，學了社會學就可以改變社會，那時，他的理想是做「影響世界的一百人」。

中國建國後，社會學被認為是唯心主義的偽學術，被從大學課堂取締。直到一九七九年鄧小平提出「社會學需要趕快補課」，才由當時社會學泰斗費孝通領銜，組織一批學者重建中國社會學，在北大、南開等名校開始招收社會學本科生。

北京大學社會學專業於一九八〇年籌建，附設在國際政治系。一九八一年從培養師資入手，開始招收社會學專業碩士研究生。北大社會學系於一九八二年四月正式恢復重建，從一九八三年起開始招收社會學專業本科生，所以李國慶實際上是北大第一屆社會學本科生。

上世紀八〇年代的大學生普遍熱愛人文社會科學，那時一是流行讀詩，二是流行閱讀西方人文科學著作。李國慶的北大四年沒有少讀書，他也愛書，然而李國慶不像古代的藏書家，由讀書而愛書，由愛書而藏書；李國慶是由讀書而愛書，由愛書而售書，進而利用網路進行海量的書籍銷售。

有位領導曾問李國慶：「國慶你選擇創業的時候，你怎麼去選擇編書、出書、賣書啊？你有這麼多的政府關係，幹嘛不去做房地產？」李國慶說：「這是性格決定的。我願意選擇做這種消費品生意，我不願意找領導去求人家辦事。」顯然李國慶更像一介書生。

學生時代的李國慶非常努力學業，考入北大時是全社會學系第一名，在北大期間成績一直名列前茅，而他除了積極參加各種社會實務外，還喜歡舞文弄墨，最早發表的一篇文章是大二時寫的，叫做《論勤工儉學》，發表在《北京日報》，占了小半版，這篇文章是從他勤工儉學的切身經歷談起的。一九八七年李國慶在《當代青年研究》發表《為著溝通的社會實踐》，在《青年研究》發表《社會實踐與青年學生社會化》兩篇論文，在這些論文中，李國慶始終強調社會實踐對於青年學生的重要性。在《為著溝通的社會實踐》一文中，李國慶說道：在新形勢下，參與將成為青年學生社會化的一種良好方式。這是因為，進入工業社會以來，隨著教育時間的不斷延長，在今天，發生著人類歷史上罕見的情況：一個人到了二十五歲還未學會完成一項能使社會得益的或對別人有用的任務。

這段話是在大學擴大招生之前十幾年說的，正好道出了中國大學教育的弊病，即大學教育與社會實務相脫節，想從事社會實務的學生不能更早地接觸社會，只能窩在大學裡變成書呆子。

大二下學期，李國慶開始策劃寫一部專著，經過一年的寫作終於完成了這部二十八萬字的《中國社會改造之我見》。書中談到了農村問題以及城市發展問題，對當時國內急需解決的一系列社會問題都有很好的梳理與分析，提出了一些解決辦法。雖然有很多地方還顯得很稚嫩，但已經顯示出比較好的學術天賦。

《中國社會改造之我見》這部專著完成之後，李國慶有了點小名氣，當時有不少人很欣賞他。當時北大社會學系主任袁方教授和社會學界的泰斗于光遠教授非常看好他，對他說：「你就做學術吧。我包你三十歲成名成家。」

大三時他當選為北大學生會副主席。北大學生會主席的職位是非常誘人的，對今後的發展非常有幫助。北大才子余杰有篇文章談到上世紀九〇年代很多北大學生為了當上主席這個職位，費盡心機，拉贊助，請客吃飯，疏通各方關係。

李國慶回憶自己之所以能當上這個副主席，主要是因為性格耿直，敢為學生說話。因為上世紀八〇年代北京的學生運動比較活躍，所以學生在選舉學生會主席時必然是選擇不會溜鬚拍馬仗義執言的人，李國慶就被選上了。作為學生會副主席的李國慶獨領校園風雲，寫大字報、演講、辦刊物、為提前品嘗愛情果實的同學發保險套。

二〇〇八年在「波士堂」的電視採訪中，李國慶講述了自己做學生會副主席時為學生們辦的幾件「實事」。當時學生宿舍晚上十一點關門，有一次李國慶發現晚上十一點以後，女生宿舍樓前有幾個女生由於約會回來晚了，在求看門的大娘開門，李國慶當即以學生會副主席的身份找老大娘商量。大娘就是不開，李國慶來火了，當即用腳踹鎖，說：「我要砸爛你這個封建牢籠」。

李國慶還給談戀愛的同學們發保險套，他把保險套放在一個信封裡，信封印上「北京高等教育思想政治研究會」。那時候還是八〇年代，社會上思想還沒鬆動，所以李國慶這麼做壓力也很大，怕別人說「落後分子為落後分子代言」，為此他「潔身自好」，大學期間不敢談戀愛。

高中時期的李國慶就已經開始從事社會實務活動，因此到了北大以後，李國慶沒少參加實務活動。由於學的是社會學，從大二開始李國慶就到社會上做問卷調查。從大三開始李國慶參加勤工儉學，當時勤工儉學不是去刷盤子，而是跟著很多著名的策劃人實習，或是到剛成立的公司工作。李國慶回憶說：「雖然都是些小公司，但領導人都很有領袖魅力。他們感召著我，到那兒去打義工，去給人家義務的參與各種策劃，包括創辦一張報紙、辦一本雜誌、給公司定位，等等。」

李國慶並不能從這些商業活動中賺錢，但能提供午餐和路費，李國慶很驕傲地回憶說：「所以我大三開始都已經坐計程車了。參加這種活動對我的印象特別深刻，這個對我以後出去工作，不僅增加了談判、溝通的技能，而且還直接就想，這個雜誌怎麼設計，我跟了一年的時間，成功在哪，失敗在哪，我見到了不同的商業模式，當時參與了很多。」

李國慶大學時就成「萬元戶」了。「萬元戶」在改革開放初期可是響噹噹的名頭，在別的大學生都在為生活費奔波的時候，李國慶已經花錢請起了秘書。他在學校裡張貼了招聘廣告，其中一個是每天花一個小時幫他處理私人事務，一個月薪水三十元，另一個是每週用兩個半天幫李國慶謄寫讀書筆記，也是一個月三十塊錢。這時的李國慶已經派頭十足了。

在大四臨近畢業的時候，有出版社請李國慶給他們編書，李國慶回憶說：「人家請我，說李國慶你見多識廣，國外有很多好東西，你確定選題，讓你當編委會主編。我當編委會主編，本來應該給大家發稿費的，結果我們編輯翻譯的書，出版社沒賣好，沒賣好也不給我們稿費，我就欠著編委們的編委費和稿費。」

從事編書的活動也讓李國慶接觸了一些有才華的人。李國慶驕傲地說：「如今北大一些中文系教授、博導，當年都給我爬過格子。」李國慶第一次策劃的書籍出版沒有打開銷路，他欠這些「大人物」的錢。為了扭轉敗局，李國慶就去問出版社銷路打不開的原因在哪裡。出版社方面說宣傳不足，李國慶就帶著人去宣傳；出版社方面說傳統書店進貨擺貨不好，李國慶就組織書友會，搞書評大賽。但是最終銷售情況也不太好。

機關生活：打水掃地「智囊團」

一九八七年，李國慶從北大社會學系畢業，由於李國慶在北大期間的出色表現，畢業後被分配進入當時最熱門的政府機關——國務院發展研究中心（中共中央書記處農村政策研究室），這個單位可算是政府的「智囊團」。李國慶回憶說，進入「智囊團」自己還是非常滿意的，因為上大學以來自己非常想投身中國的改革洪流，而只有進入「智囊團」才能為改革事業出謀劃策。

由於政府機關一般都是論資排輩，剛進去的大學生往往要做一些端茶倒水的雜事，而李國慶幾乎沒做過。當時李國慶分到的辦公室都是局長級別的人在辦公，李國慶是最年輕的，於是辦公室打水、掃地、擦桌子都落到李國慶頭上，李國慶忍著幹了兩周。結果有個老領導走過來對李國慶說：「小李啊，你給我們打水的成本太高了？」李國慶愕然，「怎麼高了？」

這位領導娓娓道來，「你看你每天都是坐計程車上班，趕著來為我們打水。你還是別打這個水了，以後還是我們給你打水吧，你比我們忙多了。」李國慶呵呵一笑。「智囊團」的這些領導其實都是學者化的官僚，亦學亦官，所以也沒什麼官架子，時不時跟李國慶開開玩笑。

李國慶由於學業和社會活動能力都很優秀，所以領導對他也很寬鬆，做研究他可以不坐班，只是每年必須參加兩個研究課題，完成幾十萬字的課題文章。在這裡他工作了三年，在此期間寫了上百萬字的研究報告與學術論文。後來他厭倦了這種生活，主要是覺得前途渺茫，由於是國家機關，升遷都是論資排輩，並不會因為李國慶的才華出眾就早早提拔他，必須熬到一定的年頭才能得到提拔。

李國慶想到了下海，但李國慶並沒有把國務院的工作辭了，他需要這個身份來創造更好的發展機會。李國慶在國務院的工作至少是國家幹部，他的工作證有很大的權威。李國慶對此非常自豪，經常提及有一次在雲南出差，遇到堵車，他掏出工作證，當地人就把他當領導看，他現場調度，堵車很快就疏通了；還有一次在舞廳，有人打架，舞廳一片混亂，李國慶掏出工作證，舞廳裡的人就安靜下來了。

李國慶從大學期間就開始幫出版社編書，進入國務院發展研究中心以後這項工作也沒有停止。熱愛學術研究的李國慶在決心下海之前，還是想走「學官兩棲」的發展路線。李國慶回憶說：「最開始我是主編，我是最年輕的主編，編了很多書，出版社很歡迎，但是有一套書我編得砸鍋了。」這就是《你我他叢書》，這套叢書一共九本，包括《成熟的魅力》、《乘九路車去天堂》、《幽默定律》、《如何激勵人》等等。叢書在一九八八年下半年陸續出版，書都非常好，但是印多了，印了十萬套。十萬冊在今天是暢銷書的標準，李國慶的這套書印了十萬冊，結果是大部分賣不出去。

李國慶回憶說：「書搞得轟轟烈烈，首發式也很好，但是賣不出去。賣不出去，我覺得就對不起出版社了，把人家出版社給坑了，出版社就要破產了，一個新的、小的出版社怎麼能把欠著近百萬的印刷費、紙張費這個窟窿給填上，這個就成了我最初進入出版界頭兩年的使命。」李國慶開始自己想辦法進行銷售就找工會、團中央、全國婦聯、解放軍總政治部，他挨個打電話敲門，硬拉著只見過一面的《博覽群書》雜誌社社長到雜誌社對面的「前門飯店」喝了罐雪碧，遊說來一萬塊錢，在北京飯店辦了個讀書徵文活動的新聞發布會。「那時我就像打了氣的皮球，到處打電話。」

為了推銷這套叢書，李國慶可以說是餐風露宿了。最落魄的時候他曾用兩套《你我他叢書》換了兩個盒飯，真是創業艱難啊。當時上海報名參加讀書徵文活動的讀者很多，但銷售管道不通暢他們買不了書，於是李國慶就得找上海新華書店。他坐火車從北京奔到上海，帶著樣書來到了上海新華書店，商談之後，對方也很支持，訂了一些貨。但是等李國慶談判結束，他突然發現身上帶的錢不夠了，買了火車票，身上連買盒飯的錢都不夠了。李國慶回憶道：「當時可沒高速，從上海回北京要七個小時。肚子餓啊，但真沒錢了，怎麼辦呢？只好跟一個賣盒飯的商量，說這九本書都給你了，換兩個盒飯？結果還真換成了。」

■下海創業　科文經貿

李國慶在國務院發展研究中心和中共中央書記處農村政策研究室的工作其實並不順心，李國慶其實並不願意做這份工作，感覺不是熱門職位，對國家發展作用不大。也許是厭倦了公務員的平淡生活，一九八九年，李國慶從原單位辭職，毅然下海經商。李國慶找到幾個同樣不甘寂寞的同道：中國文聯出版公司的一個副總裁、燕山出版社的一個負責人、北京出版社一個副社長，創辦「科文書業」，李國慶任總經理，主業就是出文史哲方面的書，當時還沒有有限責任公司，公司就掛靠在北京大學燕園街道辦事處下。

一開始，熱心的辦事處表示可以投資點錢，也可以給些優惠政策，李國慶統統不要，他的想法是：「交夠管理費，公司都是我的」。李國慶堅決不投資固定資產，帳上除幾個事務機器，全是租的。李國慶後來解釋說：「一個企業姓什麼老弄不清楚，哪敢弄固定資產？」

八、九〇年代之交，社會上盛行菁英文化，西方文藝書籍大量湧入，社會上讀書氣氛很濃。李國慶依靠在出版界的人際關係，把書批給批發商、零售商，科文書業賺了錢。此後李國慶決定多頭出擊，擴大產業鏈。

一九九三年，李國慶成立「北京科文經貿總公司」，李國慶給公司起了個特大氣的名字：「得起個好名字，把科技、科學、文化、經濟、貿易全都包括進去，所以就叫科文經貿總公司，還得有個總字。」他任總經理、總裁。這時的李國慶應該說小有所成了，然而，他感覺孤獨無望，後來他回憶當時的心境，一連好幾遍說「茫然，沒有前途，不知道該幹些什麼好」，對事業永不滿足而產生的焦慮充溢於他的內心，他在等待更好的時機。

「科文經貿總公司」旗下不但有廣告公司，還有計程車公司，既做鋼材生意，也做煤炭生意，凡是感覺能賺錢的，幾乎都做。可是幾年下來，雖然每個子項目的利潤都還可以，加起來也有四、五百萬，但在行業裡根本排不到前邊去。李國慶想把他的事業做大，覺得這樣小打小鬧很難成大氣，這令李國慶很苦惱。

一九九五年，《公司法》出臺，李國慶認為這是解決產權問題的大好機會，於是他把公司註冊成有限責任公司，資產沒轉移，卻把隊伍、品牌帶走了。這時，主管單位找到李國慶，說可以把公司進行股份制改造，街道占小股都行，李說不願扯這麻煩。隨後，國內的科文經貿總公司被註銷。李國慶在美國註冊成立了「科文實業集團」，任董事長。李國慶事後回憶這件事，難掩得意，他說：「現在看來，當時的做法是對的，問題解決得一點矛盾都沒有。」

但是在產權問題上打對算盤的李國慶，依然看不到能把企業做大的希望，這令志向遠大的他非常苦惱。例如科文旗下的計程車公司，一度發展也很興盛，但是主管部門害怕形成壟斷，不允許增加車輛，計程車公司就只能有一百輛車。做了幾年，李國慶覺得無法做大做強，實在是空耗精力。一九九六年，李國慶把底下的計程車公司和貿易公司賣掉，只保留了一個廣告公司和圖書公司。

李國慶認為一九九六年前的科文並不成功，事業無法做大，僅僅在淺水區撲騰。一九九六年，科文公司終於遇到了一次機會。專做出版業、傳媒業投資的美國盧森堡劍橋控股公司（LCHG）決定投資科文公司，占股三十%。這樣，就在當時經濟學界還在擔憂民營企業怎麼衝出困境、怎麼成長之際，李國慶和他的創業團隊安全著陸。在李國慶的回憶中，當時耀眼的能騙的人很多，利用國家的投資都坐著賓士，一頓飯都能吃上萬，然而他們並不是真正在創業。

後來《亞洲華爾街日報》記者採訪李國慶，問他對風險投資有何看法，李國慶說，「原來以為這個企業有幾百萬利潤，就值幾百萬，沒想到它給我幾千萬，給我利潤乘以二十八倍，我覺得自己怎麼像個騙子，我值這麼多錢嗎？值這麼多錢，我第一個女朋友就不會吹了。」在俞渝之前，李國慶交過三個女朋友。

而LCHG覺得這樣是出於公平，傳媒出版業就應該是二十到三十倍的利潤，何況LCHG是與李國慶合夥，不是做短線買了再賣。與善做出版傳媒投資的IDG不同，LCHG不從頭做，而是在目標對象有一定規模後，收購一定股份，且一定要參與到管理中去。根據協定，LCHG要的權利包括：公司前五號人的聘用辭退問題LCHG不同意不能做，除此，LCHG還將派人參加公司的管理。

很快，LCHG就告知李國慶準備把從西方最大的出版公司西蒙・舒斯特挖過來的副總裁派到科文來工作。李國慶回答說：「這哪行啊，人家一年年薪就是五十萬美金，我哪付得起。」LCHG方面說，那就用他一半的時間付二十五萬美金，李國慶還是不答應。一番討價還價，最後的結果是：前二年，科文公司只付給這位副總裁往返費用，不出工資；兩年後再決定是否正式雇用。

LCHG真刀真槍地幫助科文解決了戰略問題：第一，不要弄暢銷書，沒意思，一本賺錢一本賠錢不是一個大公司的行為，這更適合工作室、夫妻店；第二，中國是一個很強調意識形態的國家，迴避一般的人文社科，改做科技類專業類書籍，這塊利潤非常厚實。

然後LCHG帶來了美國先進的管理經驗，加強了科文公司的管理。一個例子是，LCHG來了之後，科文一切都是照章納稅，一分都不少，當年成本就增了一大塊，LCHG的理念是：一個企業，所在地的法律你都不遵守，怎麼能搞成現代化的企業呢？

大方向有了，對長期從事文史哲類書籍出版的李國慶而言，接下來的轉型非常痛苦。幸好三年下來，大家終於看到了希望：在專業資訊、醫學、經營管理，科文在全國基本是前五名。李國慶後來說：「到一九九八年底，這個公司基本上是死裡逃生。要是沒有LCHG來，科文基本上就散攤了，利潤再增也上不去，規模一大，我們戰略就找不著了，靠投機抓住一筆生意賺上

一、二百萬都有可能，但這麼大的盤子，每年消耗幾千萬，沒有一個戰略，很容易就虧損。」

■北外女生　翻譯打工

重慶女孩：辣妹子不辣

俞渝，一九六五年五月出生在重慶市中區上小較場二十五號。為了紀念她的出生地，俞渝的父母給她取單名一個「渝」字。由於父母工作繁忙，出生後到上小學之前，小俞渝大部分時間在無錫石塘灣跟自己的祖父母度過。在石塘灣，俞渝度過了許多美好、快樂時光，坐著船出門，吃香噴噴的鹹肉菜飯至今讓她難忘。小俞渝有時候會被留在重慶的外婆身邊，後來俞渝回憶說自己這一生中外婆對她的影響最大。她說：「外婆有很多病，但是我外婆在什麼情況下都非常樂觀，跟她在一起會覺得她很鎮定，很堅定，很勇敢。我外婆去世的時候我是二十七、八歲。我外婆從來都把日子過得很溫暖，從來家裡都是乾乾淨淨的，就是抄家被抄光了，抄得什麼都沒有的時候，她也會把外衣剪破了當內衣穿，但是一定會讓全家人都很體面的生活。我覺得外婆那種樂觀堅定想得開，對我的影響很大。」

七歲時，俞渝跟隨父母來到了北京。她的整個學生時代都沒有離開過海澱區，小學在翠微小學，初中在育英中學，十五歲時進了北京外語學院一個預科加本科班。當時，俞渝一家跟其他幾戶人家擠在一棟老式樓房裡，她回憶說：「一家炒回鍋肉，全院的人都能聞到味兒。」

母親對她的期望很高，希望女兒做中國的居里夫人，曾半開玩笑地要求俞渝，「化學元素週期表上還有三個元素沒有被發現呢，你最好去把這個問題解決了。」俞渝的母親對她要求很嚴格，那就是考雙百，不考雙百就打！所以俞渝小時候沒少挨打。回憶自己的「悲慘經歷」，俞渝說：「一般來講，女孩子是不太容易挨打的，但我覺得在那個年代，像我們這樣的小孩就是知識份子父母的出氣筒。我小時候挺記仇的，拿了一個日曆卡片，被母親打一次就劃一道，最多的那一年一共劃了二百七十多道，差不多不到兩天就要被打一次。」

好在俞渝從小就很爭氣，她說：「我是一個很要強的人，從小就是。那時候全年級幾百個人，幾乎每次考試我都是第一名，幾乎每次都拿一百分。我不太在乎別人對我的看法，我只在乎自己是怎麼認為的。我覺得自己是細緻而富有韌性的。」

俞渝的理想是考理工科當工程師，遺憾的是初三時她眼睛的近視已經達到六百五十度，還有散光，按照當時的高考規定，近視超過六百五十度的人有許多理工學科被限制報考。俞渝和母親都不得不放棄理想。

俞渝的母親特別有學習語言的天賦，她大學裡學的是俄語，可是她靠自學英語版《毛選》四卷，外加馬克思、恩格斯、列寧、史達林的英文著作學會了英語；在編譯社工作的時候，她跟一個同事學會了德語；改革開放以後，她又學會了日語。俞渝說：「她五十多歲那一年，我從國外回來，發現媽媽正忙著考外貿員的工作證！」為此，李國慶就開玩笑說：「在中國啊，講專業戶，咱們有養豬專業戶、養雞專業戶，可你媽基本上就是一考試專業戶。」看得出來，俞渝最終選擇進入北外學習英語專業，跟母親的影響是分不開的。

俞渝評價自己的母親：「她完全就生活在她自己的世界裡，書的世界裡。」受母親的薰陶，俞渝從小就愛看書，經常在學校外面的新華書店看書，她回憶道：「我可以在書店站好幾個小時，連站幾天我就能看完一本書。書對我的幫助很大，後來我考進了好的中學、大學和研究所。我還看了很多小說，知道了很多別人的故事和其他國家的習性。」也許是這期間的影響，俞渝愛上了文學，後來在上海東方衛視做節目時，俞渝當眾朗誦了著名知青詩人食指的一首詩《相信未來》。

俞渝的母親一直用自己的方式鼓舞與指引著俞渝。由於母親的高素質，俞渝從小起點就比別人高，小時候母親常常鼓勵俞渝到世界各地去看看。中學後俞渝步母親的後塵，學習外語，甚至一直到俞渝已經成為一名成功女性了，母親還會剪一大堆成功女性的剪報交給俞渝，讓俞渝向其他成功女性看齊，「你看看楊瀾在幹什麼了，別的哪個成功女性又在幹什麼了」。

北外生涯：兼職也瘋狂

一九八〇年，從北京育英中學初中畢業時，正巧北京外國語學院要招一個實驗班，六年一貫制，二年預科，四年本科，相當於大學預科和本科一起讀，中間無需高考。成績出色的俞渝被預科班優先錄取，當預科學習結束，面對留校讀本科和參加高考並有可能考上北京大學的選擇時，俞渝選擇了留在北外。這時她有了自己新的人生理想：像《新聞聯播》裡的章含之、王海容、唐聞生一樣，做翻譯。

北外分院的這個實驗班都是由來中國做訪問和交流的外國教授講授英美歷史、婦女研究、美國研究等等。這些專業課特別有趣，也許就是那時的英美教育方式給俞渝留下深刻的印象。大學的課程很輕鬆，俞渝回憶說，「我們只有五、六位外籍教師和一位中國老師，甚至都沒有輔導員。」在這樣寬鬆的環境裡，從大二結束時俞渝開始去校外做起了兼職，做翻譯或教課。當時父親一個月給俞渝的生活費是十九．五元，俞渝工作一個小時的薪水就是一百二十元甚至更多。

「那時候流行教許國璋英語。大三的時候，我去了巴布科克威爾科克斯公司北京分公司（以下簡稱巴威），那是一家中外合資的工業公司，工作量很大，挺辛苦的，但收入很豐厚。」俞渝的工作能力十分突出，一九八六年，她從北京外國語學院英語專業正式畢業後就在巴威做起了全職。「巴威給我的舞臺很大。朱鎔基當時是經委副主任，給他做工作彙報的時候我才二十一歲。」

在巴威兼職期間，俞渝幾乎每一次都會遇到像煤的焦炭品質問題等一些極端專業的知識，她解決這類問題的辦法就是惡補，事先找人請教清楚，然後立竿見影地去實戰。那是一段真正邊學邊做的日子，也是一段比身邊許多同學都過得忙碌的日子。

在一次次參與談判翻譯的過程中，她深切地感受到了談判雙方的差距，許多像她父親那一代從工程師轉為管理者的商人，在與國外公司的談判過程中憑藉的只是自己的機智，而國外公司的談判對手則訓練有素，既有商業邏輯，更有商業智慧，雙方的差距像是一場業餘選手與NBA球員之間進行的籃球比賽。俞渝看出了外國的先進之處，漸漸地就有了出國的念頭。

大三時，俞渝開始給美國的大學寫信申請攻讀研究所，當時她找學校的唯一標準就是不要申請費。她說：「一個學校的申請費是三十美金，如果申請十個，就是很龐大的一筆開支，我沒辦法承擔。」得益於在大學時的兼職經歷，一九八六年俞渝大學畢業時，她沒有去被分配的那家每月七十八元工資的單位工作，而是以八百元人民幣的月薪，去了此前她一直為其工作的巴威公司北京分公司，任美方總經理翻譯兼秘書。與此同時，俞渝仍以每小時一百三十元左右的鐘點費兼職教英語。一九八六年，在那個一、兩百塊錢就算高工資的年代，俞渝以一個月差不多二千塊錢的收入讓自己一畢業就成為了「金領」一族。

■美國尋夢 金融強人

紐約大學夢：MBA學業

一九八七年，俞渝得到了平生第一個出國的機會。外交部組織一個訪問團到美國宣講中國的對外開放政策，俞渝作為翻譯跟著去美國出差一個月，跑了十幾個城市。俞渝沒有錯過這次機會，她帶著成績單和推薦信，走到哪兒就把電話打到哪兒，其間，趁著兩天休息的時間，她到俄勒岡大學進行了面試。回國後不久，她接到通知，順利進入俄勒岡大學就讀。

一九八七年九月十五日，二十二歲的俞渝，口袋裡帶了工作一年積攢下來的二百多美元，裝了滿腦子好奇到了舊金山。開學後上了幾天課，俞渝就覺得不大對勁。她註冊的明明是國際商業專業，理應研究國際環境下的商業理論問題，可是她的導師卻是個泰國問題專家，又娶了個泰國太太，所以無論談什麼，最後都能扯到泰國問題上。

俞渝後來才知道她想讀的應該是商學院。她開始換課、補課，可是忙著上課，口袋裡的錢不夠用，於是她給原先工作過的合資公司的美方上司寫信，請他幫忙找個工作。對方問她會用電腦嗎？她說會，其實那時她只能勉強打字而已。於是她又趕緊註冊學Dbase、Lotus，等學期完的時候，基本上能用電腦了，就去了那個公司。有一段時間俞渝經常搭公司裡一個MBA畢業的女同事的車上下班，同事鼓勵她讀MBA。

讀MBA需要一大筆學費，俞渝自己存的錢不夠，於是她又趕緊找工作賺錢。她先後在美國的電站設備公司、木材公司、輪胎公司、快遞公司擔任過職務。

一九九〇年春，俞渝已經存了些錢，準備到紐約大學讀Marketing（行銷）。因為實在珍視手邊那一點小錢，她就老翻報紙，看哪家銀行的利率高一點，好把錢存進去。有一天，俞渝看到一家投資銀行的利率挺高，就去諮詢，正好遇到那家銀行當地分部的負責人。當負責人聽說俞渝來自中國的時候，感到很好奇，便問她將來打算做什麼。俞渝回答：「我準備做市場行銷。」那人聽罷搖搖頭，說：「讀Marketing幹嗎？你看我，Finance（金融）！一年掙三十多萬。」三十萬！俞渝覺得這是個天文數字，當即決定一定得去讀這個可以使她一年賺三十萬的finance。俞渝去找finance最強的學校——紐約大學工商管理學院。

經過考試，俞渝進入了紐約大學這所全球最負盛名的商科院校之一讀MBA。在這所高手如林的學校，俞渝真切地感覺到學了很多知識，比如她修了一門管理溝通課，這門課細緻到分析你講話時的眼神怎麼不對，手勢怎麼不對，邏輯怎麼不對，訓練你在公共場合講話時的技巧。更重要的是，在這裡她學到了最新的、最主流的管理理念。一九九二年，她獲得了紐約大學工商管理學院金融及國際商務MBA學位。畢業時，俞渝以各科全A的成績作為畢業生代表在畢業典禮上致詞。

華爾街創業：TRIPOD公司

一九九二年，俞渝MBA畢業，正好遇上了美國一次特別嚴重的經濟衰退。俞渝說：「我記得當時《紐約時報》的頭條是〈五十年以來最糟糕的就業市場〉。前幾屆畢業生都是每人拿著四、五封錄用信，比較哪家公司的薪水更高；到我們畢業時，光景早已不比當年。」

所以俞渝雖然有紐約大學工商管理學院金融及國際商務MBA學位，但是找工作可就不那麼順心了。俞渝當時給世界五百強企業中的三百多個寫過求職信，在某公司她曾經面試過十六輪，可最後人家還是沒有錄用她。不過，花旗銀行提供了交易員的職位，但俞渝覺得自己不是現場反應靈敏的人，不適合這個職位而沒有去就職；同樣，美林證券提供了香港的職位，她也不願意去；安然提供了德州一個十五萬美元年薪的職位，她以不喜歡德州為由婉拒。想去的公司去不了，現成的職位又不想去，俞渝給自己的求職製造了許多挫折。

在美國半工半讀期間，俞渝曾經給固特異等世界四大輪胎公司做過向中國出口整條生產線，在中國投資一些合資項目等投資分析。由於相信自己具有豐富的企業兼併和金融投資領域的經驗，熟識並擅長在企業併購中為買方提供定價、融資、收購形式、收購後業務整合等方面的服務，也有能力代表買方與賣方進行談判。俞渝相信自己有能力負責整個專案的統籌安排，可以做比較高級的工作，而不是在某個公司打雜。

畢業後一個月，還沒找到合適工作的俞渝最終決定「豁出去了」，她覺得在經濟衰退的時候自主創業也許是個不錯的選擇。經過對自己能力認真、客觀的評估後，俞渝在紐約創辦了自己的公司——TRIPOD國際公司，而就學期間的兼職工作為她積累了一批客戶資源，公司創立後，這些老客戶都願意把業務交給她。

俞渝的TRIPOD國際公司是一家企業兼併財務顧問公司，主要是幫別人買賣公司，服務領域涉及高新材料、鋼鐵企業、工程機械、石油、汽車、食品、銀行等等。她接的第一個業務是給一家石油公司寫一個報告，這份兩頁紙的盆地報告居然賺了三千美元。後來，俞渝發現，三千美元對她來說是最小的一筆業務。隨後，她接到的是一個企業兼併的案子，當時難度特別大，這個企業牽扯到好幾百名員工，而且還牽扯到當地的工會與法律爭端。企業原打算聘請的財務顧問是類似美林銀行、香港匯豐銀行等這樣的大公司，但是俞渝卻找上門去。她的想法很簡單，這個案子既然這麼難，那麼利潤肯定很好。面對那些四、五十歲的董事、經理，二十八歲的俞渝最後拿到了兼併案，而且做得非常成功。俞渝總結說：「這次成功一半是出於自信，一半是因為初生之犢不怕虎。」

業務無論大小，俞渝從頭到尾都得親力親為，一個三千塊錢的專案與一個上億美元的收購，在前期的準備工作階段，她都一樣會竭盡全力，到了雙方結清手續做交割的時候，她還要把所有的環節都重新再檢查一遍。公司營運期間的過程是累並忙碌著，俞渝感歎道：「尤其一九九三年、一九九四年是最累的兩年，每天要工作十四、五個小時，基本上就沒有休息過。」「一九九五年大概是我最忙的時候，一年三百六十五天，至少有兩百多個晚上是在各地的酒店度過的。」當時俞渝家裡最多的時候有五個電話。下班後，她會把辦公室的電話轉接，並把轉接跟家裡電話的鈴聲做了區隔，這樣鈴聲一響俞渝就能知道是朋友打來的，還是客戶打來的。

「幫公司談判、訂價、完成收購，這些都是我一個人搞定。」在開公司的五年中，她幫客戶賺了不少錢，自己也獲得了不錯的收益。「幸運的是，當時我拿的很多報酬並不是錢，而是股份，所以後期的回報是很可觀的。」俞渝說。

良好的信譽和駕馭資本的能力成為她最大的資本。在華爾街闖蕩的這幾年，俞渝曾接過包括名揚四海的金融大亨索羅斯的案子，俞渝為客戶創造的利潤累計超過一億美元。這一系列的業績，讓俞渝成為在華爾街頗為成功的金融專家。她的這些成功經歷，後來都嫁接到了當當網的運作中，美國的風險投資人都非常信任俞渝。這一點對李國慶幫助非常大，可以說如果沒有俞渝在華爾街豐富的融資經驗，當當網要做大做強需要走一段更長的路。

俞渝在工作的同時，她的感情生活並不是一片空白。俞渝的長相雖然談不上豔麗，但是非常睿智，非常有女性魅力。當時追求俞渝的人非常多，有的人甚至擁有私人飛機。俞渝說：「有很多男孩子約我，大概可以組成一支八國聯軍，有黑的有白的有黃的。我的習慣是如果他週三晚上之前沒有來約，那週末就不參加。」但是俞渝太專著於工作，到了三十歲還沒有贏得完美的婚姻。俞渝說：「回想做投資銀行的那些年，如果我跟一個男性同樣出色，我覺得自己更容易比他們出眾，因為投資銀行一屋子開會，三、四十人進去，全是男的，就我一個女的，就我一個外國人，就我一個身高在一米六五以下。如果一個男性做了跟我同樣的工作或者說了跟我同樣的話，他不會吸引到更多的注意力。」

二、相識之後：同舟共濟

李國慶、俞渝在相識之前，各自「彩翼單飛」，在相識之後，只用了五個月的時間就走入婚姻殿堂，雖然算得上是閃婚，卻比翼齊飛了十多年，也快成了相濡以沫的老夫老妻了。李國慶的強勢性格讓俞渝折服，而俞渝在華爾街的豐富經驗又讓李國慶找到了事業成功的推進器，他們算得上是中國商界最佳夫妻檔。「當當網」誕生在這樣的「同林鳥」手裡是一種必然，也成就一段精彩傳奇。

■一九九六年 相識到蜜月

五月花：鹹鴨蛋情緣

一九九五年，一場意外打亂了俞渝的人生，她的一位長期客戶鮑伯．唐納德乘坐的飛機失事。鮑伯．唐納德是美國ABB公司美洲區總裁，他飛機失事前權力很大，管著好幾萬人和幾十億美元的銷售額，而且經他手兼併了幾個大的企業，業績做得極為出色。

俞渝失去了一個好朋友，讓她備感生命脆弱、人生無常。在葬禮上，俞渝回想起唐納德曾經的輝煌，轉瞬間灰飛煙滅。想想自己，已經三十歲了，正陷入人生低潮，還未成家，也沒有一個可以相依的伴侶，這時的俞渝比任何時候都想擁有一個真正相愛的男人。俞渝想有個溫暖的家，生個可愛的孩子；想每天晚上，一家人坐在一起吃頓飯，而不是生意場上的應酬飯局，或者一個人吃漢堡。俞渝真的累了，不想再做職場上的機器，她要找回做女人的感覺，她要真真實實的生活。就在這個時候，李國慶出現了。

一九九六年初，著名旅美華人音樂家譚盾的太太黃靜潔打算在中國辦一本時裝雜誌，當時小有積蓄的俞渝是譚盾太太的第一個投資人。黃靜潔與李國慶認識，在黃靜潔籌辦雜誌的時候，李國慶跑前跑後地幫忙弄刊號。幾個月後，李國慶到美國哥倫比亞大學參加一個好朋友的畢業典禮，黃靜潔就對俞渝說，人家在北京幫了我不少忙，你們這些投資人、董事應該有個人出面請他吃一頓飯。那天俞渝正好有空，就這樣結識了李國慶。

此時的李國慶剛經歷與前女友分手，身心疲憊，到美國順便想尋找新的機會。他尋找那些想在中國設立辦事處的美國大財團，自薦做一個首席代表。「就想做個跨國大公司在中國的首席代表，坐著高級車在國貿頂層辦公，一眼看去風景一片啊！那時候能和一個大公司中國首席代表的秘書吃飯都很高興。」可到了美國，一心想當「首代」的夢想沒有進展，反而是自己羞於啟齒的「小生意」被朋友頻頻提及。而李國慶此行最大的收穫是認識了人生當中的另一半。

俞渝後來回憶第一次見到李國慶的感覺，說：「不知為什麼，我想起了電影《廬山戀》裡的郭凱敏，還有《蹉跎歲月》裡的周里京，他就是那種聰慧、有主見的小夥子。我看著『國字臉』的國慶，偷樂了。他問我笑什麼，我臉一紅，說沒什麼。」

俞渝回憶說：「這是我們一生融合的開端。我給他講如何吸引企業投資，他認真地用筆記了下來。我看了，又是一樂。這個頗有活力、真實、坦誠的小夥子讓我印象深刻。我在他身上發現許多屬於男人的、值得我欣賞的特質：幽默、大度。在他強烈的男性氣質襯托下，我發現自己女性的一面被喚醒。」

李國慶當時的感覺是怎樣的呢？「俞渝的談吐中顯示出的才學和見識令我感到震撼，只覺得她真是一個才女，高高在上。她當時給我講如何吸引企業投資方面的問題，講了五點，我用紙記了下來，現在還留著。」李國慶回憶道。

李國慶到美國，除了參加好友的畢業典禮，主要是想考察西方先進的資本市場。同時自己也已經三十二歲了，到了該成家的年齡了。他想尋覓一個在美國生活多年、有很好見地、能彌補他缺少在國外生活經歷這一遺憾的女朋友。遇到了俞渝，讓他實現了這一願望。俞渝擁有紐約大學MBA學位，當時已在華爾街闖出了一片天地，深諳華爾街投資規律。

而李國慶帶給俞渝的是來自故鄉的親切和熱情。多年後李國慶回憶這一溫馨時刻時說：「我給她的感覺是這個北京來的小夥子很有活力，很真實，很坦誠。」聚會結束後他倆一起去喝咖啡，這是他們首次獨處，也是一生融合的開始。所以，至今他們的愛情回憶中仍氤氳著咖啡的濃香。

一九九六年六月，俞渝從葡萄牙旅行休假回國，到北京做世界銀行一個專案的顧問。俞渝對李國慶非常有好感，於是打電話告訴李國慶自己要來北京。李國慶自從上次向俞渝問過融資問題後，現在又遇到一些新問題，正好可以再向俞渝請教。李國慶安排自己的司機到機場去接俞渝，然後把她送到訂好的酒店。李國慶說要請俞渝吃飯，俞渝答應了，讓李國慶等一會，自己先梳洗一下。令李國慶沒想到的是，一會就是讓自己等了一個多小時，之後兩人一起去吃海鮮。李國慶問俞渝給世界銀行做什麼案子，俞渝詳細說了。李國慶一算，俞渝的這個案子一天就能賺幾千美金，簡直比自己公司還強。

俞渝住的酒店在李國慶公司對面，李國慶只要有時間就來找俞渝玩。為了創造約會的機會，李國慶有時候會叫上一大幫朋友出來陪玩。當時在工人體育館西門附近有一家保齡球館，李國慶帶著俞渝和一大堆朋友去打保齡。就這樣，兩人的感情逐漸升溫。

在國內考察的那段時間，俞渝天天受邀赴飯局，「大餐吃膩了，而且那些應酬的飯吃得沒滋沒味的。」俞渝回憶說。這時，李國慶提出要請俞渝吃飯，俞渝主動提出要到小店吃。為了讓俞渝吃到特色小吃，李國慶帶著俞渝來到北大附近一條小吃街的餐館。在回憶這一幕時，李國慶臉上神采飛揚，悠悠的眼神輕揚，他說：「坐定之後，我問她想吃什麼？她說鹹鴨蛋，我說『你很喜歡吃嗎？』，她說『是，而且特別喜歡吃蛋黃』，我於是對點菜的老大媽說『今天我這個小夥子的命運就交給您了，您想想辦法幫我弄一盤鹹鴨蛋吧』。大媽很熱情，衝我一擠眼說『好的，我給你找去』。結果她跑了三家店，弄來了一盤鹹鴨蛋。」

這件小事讓俞渝對李國慶產生了特別好的感覺，她覺得他總能想出好辦法來，有很強的生存和應變能力。回憶起自己愛情的「鹹鴨蛋」，俞渝覺得特別甜蜜。

五月婚：實踐出眞愛

李國慶、俞渝因為譚盾的太太黃靜潔而相識，其實譚盾與黃靜潔的結合是典型的一見鍾情，據說他們認識兩小時就決定結婚，十小時後就搬到一起同居。似乎藝術家的浪漫氣質也在無形中感染了李國慶和俞渝，他們也走上了一見鍾情的浪漫旅途。

一周後，李國慶讓俞渝換個酒店，搬到另外一個高級酒店，李國慶經常請俞渝吃飯，飯後又送俞渝回去。有一天，李國慶由於住的地方洗澡不方便，就對俞渝說要去她那裡洗個澡，俞渝說過來吧。李國慶進了浴室，看到一個刮鬍刀，「咯登」一下，心想沒戲了，俞渝有男朋友。其實李國慶不知道這是一個女用剃鬚刀，在中國女性是不用剃鬚刀的，但在美國女性也用。誤認俞渝有男朋友後，李國慶沉悶了幾天，之後就拐彎抹角問俞渝，俞渝說沒有。李國慶又看到了希望。

兩個人互相有好感，關係逐漸明朗，開始談戀愛。李國慶不瞭解俞渝，就打電話給在香港認識俞渝的北大同學，說：「我跟俞渝在談戀愛，你覺得她會跟我回到北京嗎？」結果他說：「你在跟俞渝談戀愛？她也這麼認為嗎？」，又問另一個北大的同學，他當時正好在北京，李國慶問他：「我正跟俞渝談戀愛，你說她會跟我回北京嗎？」，結果那個同學說：「哥們，你想什麼呢，你知道在美國都什麼人追俞渝嗎？都開著私人飛機追求她。」

後來李國慶就向俞渝求婚了。有一天在酒店，李國慶趴在俞渝背上說：「小妹妹，我們結婚吧。」一聲「小妹妹」，讓俞渝感到前所未有的親切，已經很多年沒人叫過她「小妹妹」了，俞渝沒有立刻答應。

李國慶突然向俞渝求婚，俞渝並沒有覺得突兀，反而覺得挺自然的，她和李國慶在一起總覺得特別踏實、特別舒服，畢竟他們都是年過三十的人，擁有的激情與二十多歲時完全不同。如果說二十多歲的男女在愛情婚姻問題上是激情大於理智，那麼過了而立之年的男女在婚姻問題上看法就更為成熟穩健。他們的激情是一種成熟的激情。

過了一個月，兩個人從墨西哥旅遊回國，在酒店俞渝說：「國慶，我們結婚吧。」李國慶一聽非常高興。本來李國慶覺得自己追俞渝希望不大，但是俞渝說：「國慶，你錯了，你有吸引力。我的錢是比你多，但我命裡是要輔佐一個人的，你就是那個人。如果你是孫中山，我就是宋慶齡。」

俞渝說起與李國慶的閃婚時說，「我們互相欣賞彼此的才幹，都經歷過一些風雨，也都在愛情方面做過單元練習，都已經三十多歲了，都很珍惜雙方當時的情感和信任，不用再浪費時間了」，所以他們結婚了。就像做了一次精密的計算，兩個不願浪費光陰的人，從相遇到結婚，只用了五個月的時間。俞渝喜歡李國慶的性格，他獨立強勢又寬厚有趣，還帶有一些幽默，而李國慶欣賞俞渝的才華與智慧。

一九九六年十月，兩人在紐約結為連理。後來有人問為什麼俞渝和李國慶認識不久就結婚了，有什麼秘訣？俞渝半開玩笑的說，我們在認識前各自有過戀愛的「實踐」，有了「實踐」後很容易找到生活中的另一半。

在認識俞渝之前，李國慶交過三個女朋友，後來因為出國都分了。每次分手李國慶都備受打擊，他一向心高氣傲，就算在眾人矚目的北大，李國慶也非常受重視。現在卻經歷了一系列的感情打擊，其中一個女朋友在分手時對李國慶說：「你這叫什麼買賣？跑到中學辦公，每四十五分鐘打一次鈴，除了幾個骨幹，別人都是兼職，根本沒有前途。要嘛你就回機關好好幹。」還給李國慶發了一條短信：你是在垃圾上跳舞。這次李國慶受觸動很大，也想出國看看，尋找新的機會，想不到前任女友的刺激成就了李國慶的婚姻。

一九九七年　單幹到聯合

俞渝回國：嗅到網上「錢」途

無論是花前月下的卿卿我我，還是新婚蜜月的浪漫之旅，關於事業的構想成了他們人生最動人的旋律。結婚後，俞渝做了一個改變她人生的決定：回北京。

「回北京做當當網，是因為我結婚了，生孩子了。家庭就要像個家庭的樣子，他去美國有很多不適應，所以我就回來了。」俞渝對自己放棄以前做的事業，來北京重頭做表現得很平靜，理由也很簡單，就是因為結婚了。俞渝說：「嫁雞隨雞，嫁狗隨狗，嫁了石頭抱著走。我從沒想過我放棄了什麼，很現實的問題擺在面前，他不怎麼會說英文，不能把公司搬過去，而我的可移動性高，結婚就該在一起，所以我搬家了。」隨後，俞渝把美國的公司關了，加入了李國慶創辦的科文公司。

當時，剛從美國回來的俞渝，對國內的購物環境和購物模式很不習慣，最大的感覺就是花錢花不爽。她回憶說：「剛回國時，覺得在國內買東西特別彆扭，比如買裙子，我希望所有的裙子都在一起，買褲子最好是所有的褲子都在一起，而國內的商場普遍按品牌分，喜不喜歡都要把一個品牌全部看完，這讓我很不習慣。」

不久，俞渝發現，在她和丈夫所在的圖書行業裡，一樣存在忽視消費者體驗的狀況，她去西單圖書大廈買書，發現很難快速找到自己要買的書。俞渝說：「書排得特別亂，為買一本書要到處轉，不知道按照什麼順序排列，特別煩。從一層到七層，你不可以把書放在同一個籃子裡最後結帳，必須一樓排一次隊，結一次帳。這一點很不鼓勵顧客的購物熱情。」

有了購物不方便切身體會的俞渝，慢慢開始想能不能在網上開店。其實早在一九九五年，在美國華爾街從事金融業務時，俞渝就關注到了亞馬遜網上書店的成立和發展歷程，當時就有建立網上書店的想法。那年七月的一天，身在美國紐約的俞渝剛做完一筆交割，收益頗豐，於是便邀了個朋友一起喝酒，這位朋友對她說：「現在出了一個新玩意兒，叫亞馬遜網上書店，創辦人就是住在八十一街的傑夫．貝索斯。」當時，俞渝住在七十七街，對傑夫．貝索斯早有耳聞，一來是做投資的同行，二來聽說這個人大嗓門好吹。後來，她試著從亞馬遜買東西，漸漸發現這個購物流程很友好，確實是一個簡單購物的管道。

一九九七年受到美國網路熱潮的影響，中國的網上商城概念開始流行起來，俞渝讓李國慶上網，並介紹貝塔斯曼線上和亞馬遜給他，說：「我們在國外買書都是這麼買。」

在俞渝的建議下，李國慶也開始嘗試網上購書，商業嗅覺敏銳的李國慶立即發現網路書店的巨大優越性。例如李國慶自己在圖書出版行業做了將近十年，經常碰到一本書發行很久，北京已經賣完，而外地才剛剛開始賣，這時北京的讀者想買已經買不到了。網路顯然是解決這一問題的最好途徑。

夫妻倆常探討在圖書這個行業中最值錢的是什麼？李國慶認為是出版社和讀者的直接聯繫，而在傳統上，出版商和讀者之間要經過許多環節。與此同時，他們看到，借助網路讓出版商和讀者可以直接聯繫，這是最有價值的東西，網上書店肯定是未來一種很好的發展方向。夫妻二人相信，中國圖書銷售的未來必然是基於網路，於是李國慶和俞渝決定開始著手創辦網上書店。

遇到了俞渝，李國慶的事業才真正步入高速發展期，李國慶回憶說，自己創業十年，此前一直在苦苦拼爭，但事業一直做不大。李國慶說：「在當當網之前我也很苦悶，做著一個圖書，圖書在中國是一個小生意，全行業只有三百億，算上教材是七百億，不算教材就三百億。大家都知道，一個短信就能冒出一個一百億、二百億的市場。所以我在做十年編書、出書、賣書的時候很苦悶，出版社、新華書店又是國有企業，效率低，又推不動他們。這時候我就想了各種方式賣書，發現怎麼都不賺錢。登報賣書還不夠廣告費，我們也辦過書友會，發現郵寄目錄很昂貴，而且一本目錄推薦一百本書就已經很厚了，所以很苦惱。辦傳統書店行不行呢？但是房租又很昂貴，這時候我們發現了網上書店。」

埋頭倉庫：數據也能賣錢

李國慶、俞渝雖然有了開辦網上書店的念頭，但是當時國內並不具備開辦網上書店的條件，首先中國的網路才剛剛起步，網民基礎人數不過七百萬，根本達不到開辦網上書店的要求；其次中國沒有一個適合做圖書配送的物流系統，如果要自己建立，那成本會增加很多。另外更為現實的困難是，國內沒有一個動態更新的書目資料庫。圖書不同於普通商品，它不是固定種類及內容，建立一個權威的覆蓋全國的資料庫尤為重要，但建庫需花費大量時間和金錢。

面對這些橫亙在開辦網上書店面前的困難，敢於創新和挑戰自己的創業狂人李國慶，相信機會就在困難的對面，奇蹟總是在別人否定和懷疑中存在。網路技術和現代物流這種新事物必將很快在中國發展起來，這一點是可以預期的，至於建立可供書目資料庫，對於已經在國內圖書和出版市場摸爬滾打了六、七年的李國慶來說，只要下工夫是能做出來的。於是他果斷地「未過河先架橋」，開始著手建立中國可供書目資料庫。

一九九七年，IDG（美國國際資料集團）、LCHG、北京科文三者合資成立北京科文書業資訊技術有限公司，其中李國慶出五十萬人民幣，IDG出五十萬人民幣，LCHG出十萬美金（八十三萬人民幣），成為最大股東，由李國慶擔任董事長。新公司專做可供書目資料庫，並得到了新聞出版署的大力支持。

IDG全稱是International Data Group，創建於一九六四年，集團創始人及董事長是麥戈文，總部在美國波士頓。IDG是全世界最大的資訊技術出版、研究、會展與風險投資公司，在全世界八十五個國家和地區設有子公司和分公司，擁有上萬名高級研究專家和編輯人員，採用各種現代化資訊處理和傳遞手段，建立了快速而全面的世界性資訊網路。自一九八〇年在北京創辦了中美合資《電腦世界》週刊以來，至今IDG在中國合資與合作出版的與電腦、電子、通訊有關的報紙與雜誌達三十種，可以說，IDG強有力地參與了中國IT專業媒體的發展，但這並不是IDG的主要貢獻。

在風險投資方面，IDG在中國已經投了不下一百五十個專案。從一九九七到二〇〇〇年第一輪網路泡沫破滅前，IDG在中國網路市場接連投下了搜狐、當當網、金蝶、搜房、易趣、3721、百度線上、騰訊、亞信等數十個如今在中國網路市場上風頭正勁的公司。

LCHG在英國、美國做可供書目的業務超過一百年，他們做出可供書目後，一是靠銷售這些書目賺錢，另外他們也從書目製作上收取額外費用，他們製作標準資訊不要錢，例如書名、定價、版本、作者等資訊，但是如果要露出封面、目錄、促銷語言等額外資訊，就必須收取費用。他們在東歐地區包括匈牙利、烏克蘭、波蘭、愛沙尼亞、立陶宛等國都投資了可供書目資料庫，因此LCHG建議李國慶也用這個方法賺錢。

李國慶將北大圖書館系、北大分校圖書館系的學生整班整班的訓練，訓練完了再到各個出版社普查資料，看每月出了什麼新書、定價是多少，同時普查沒有賣完的庫存圖書情況。一開始，出版社覺得李國慶製作可供書目資料庫根本沒用，僅僅抱著試一試的態度給科文公司提供方便。

李國慶帶著這些兼職工作人員在出版社的倉庫裡，在不同地方的犄角旮旯，一鑽就是幾天，沒日沒夜地翻閱那些發黃蒙塵的資料，終於拿出了一張資料庫普查清單——中國可供書目資料單，但是要做一個動態的資料庫，難度就更大。一九九七年他們就做成了比較「毛胚」的資料庫，然後對這個資料庫不斷地加以改進。作為一個創新公司，用這麼短的時間在中國首先建立這樣一個龐大的圖書資料庫，本身就是一個奇蹟。中國第一個獨立的圖書資訊資料庫誕生了，不僅引起了許多商家的關注，也帶來了直接的經濟效益。

李國慶後來回憶說：「做資料庫的時候感到很艱巨，中國靠賣資訊的企業都很難成長，盜版也很嚴重。我們之所以敢做，咬著牙做，就是因為有美國亞馬遜做樣板，不怕賠。」

在資料庫專案進行當中，有人問李國慶，「把書目放到網上不就成了網上書店了嗎？」習慣於算市場毛利率的李國慶就是不敢放，因為國內網民基礎人數還達不到開辦網上書店的要求。儘管瀛海威公司已把網路的概念在國內炒得很火熱，李國慶還是覺得時機太不成熟了，畢竟一百多萬的網民太少了。

一九九九年初，花了兩年多時間，投了近六百萬人民幣，資料庫終於做成了，中國的網民數也跳躍到六百萬，李國慶覺得還不成熟，認為要網民數達到一千萬再幹。這時IDG急了，一再地勸說李國慶的網上書店儘快上馬。

■一九九九年　孕育到誕生

互聯網熱：開啓網路時代

雖然在俞渝看來其實當當網更類似沃爾瑪這樣的零售業企業，只不過是把實體零售企業搬到了網上，但當當網從本質上依然是一家網路公司。當當網的興起與世紀末的網路熱息息相關。

在美國，電腦熱從上世紀七〇年代到九〇年代已經持續了三十年，催生了微軟、IBM、蘋果等一大批生產電腦軟硬體的公司。九〇年代中後期隨著雅虎、eBay、亞馬遜、谷歌等公司興起，整個世界開始由個人電腦時代向網路時代急劇轉變。

一九九八年微軟在海外靜悄悄地發布了Windows 98，與舊版的Windows 95相比，新的版本可靠性更高，操作更為快捷。從這一年開始，人們對網路的體驗似乎更為深刻，網路時代正在到來。

此時的美國，一場以美國線上（AOL）和雅虎（Yahoo）為首的網路大戰正在激烈進行中，Netscape、微軟，以及老牌的搜尋引擎公司如LY-COS、Excite等也紛紛加入。這被美國媒體稱為「門戶大戰」。

入口網站的概念也進入了中國的網路產業。國內的ICP（網路內容服務供應商）、ISP（網路服務供應商）一擁而上，紛紛向入口網站挺進。當時中國只有一百多萬的網民，其中幾十萬還屬於電腦和網路從業人員，但所有的網站都明白：入口網站將是未來發展的一種大趨勢，誰能夠搶佔先機誰就能贏得未來。

一九九八年九月十五日張朝陽推出了Sohoo2.0版，明確宣佈要做中國第一網站，張朝陽在這一年被美國《時代週刊》評為「全球五十位數位英雄」之一，成為名重一時的網路新貴；九月二十二日，網易全面改版，朝著中文網路門戶方向邁出了第一步；十二月初，四通利方公司與海外華人網路企業美國華淵資訊公司合併，成立了新浪網，並在短短時間裡一躍成為全球最大的中文網站。其他的搜尋引擎如廣州視窗、利方線上也宣佈改版成功，有意識的向入口網站轉變或靠近。

一九九八年七月十三日，中華網作為中國第一支網路概念股在納斯達克上市。中華網的上市，引起了投資者對中國互聯網市場的好奇，也極大地刺激了其他謀求上市的互聯網公司的熱情。從那一天起，上市、特別是在美國上市，似乎成為眾多網路公司的終極目標。二〇〇〇年四月十三日，新浪率先在納斯達克上市，隨後網易、搜狐相繼爭取到了上市的資格。

除了入口網站的發展，一九九九年QQ也登上了歷史舞臺。一九九八年底，靦腆的馬化騰與他的大學同學張志東等人組成了他們的IT創業團隊。一九九九年二月騰訊公司即時通信服務OICQ開通，主要是模仿以色列人的ICQ；一九九九年十一月QQ用戶註冊數突破一百萬，此時的馬化騰還不知道QQ獲利之路在哪裡？在最困難的時候，他準備用一百萬美元將QQ賣掉，幸好當時多家買方覺得一百萬太貴了，只願出六十萬。一九九九年底，李彥宏在美國矽谷成立百度，剛成立的百度只有一個模仿google而來的搜尋引擎，連李彥宏自己都不清楚百度到底要靠什麼獲利。

伴隨著網路經濟的整體發力，中國電子商務開始興起。一九九九年五月十八日，中國第一家線上銷售軟體圖書的B2C網站正式上線，即北京珠穆朗瑪電子商務網路服務有限公司（8848.net），公司創辦人王峻濤為這個新生兒取了一個眾人矚目的名字——8848，他說這代表著珠穆朗瑪峰的高度。以珠穆朗瑪這座世界巔峰為自己的公司取名，顯示了王峻濤試圖在電子商務領域一統天下的雄心。這是中國電子商務夢開始的地方。同年九月，8848精心策劃了一場七十二小時網路生存測試，十二名選手被封閉進一間幾乎空空如也的房間七十二小時，只通過一台電腦、一根網路線和外界聯繫。在這場轟動大江南北的商業炒作中，很多人第一次聽說了網路購物，也讓很多人記住了「8848」這個名詞，8848從此一舉成名。

一九九九年，在北京外經貿部做網站的馬雲已經消沉了好一陣子，他突然從苦悶中甦醒過來，找到了正確的方向，他帶領著自己的團隊從北京回到杭州，在城郊湖畔花園建立了阿里巴巴電子商務網站。在這間用報紙糊牆的簡陋房子裡，馬雲對全體員工開始了一番創業演講，他提出了三個目標：「第一，我們要建立一家生存八十年的公司；第二，我們要建立一家為中國中小企業服務的電子商務公司；第三，我們要建成世界上最大的電子商務公司，要進入全球網站排名前十位。」

沒有人對馬雲的目標提出異議，但大家心裡都在犯嘀咕。誰也沒想到成功的腳步居然來得那麼快，就在二〇〇〇年的七月，馬雲的照片出現在全球權威財經雜誌《富比士》的封面上，阿里巴巴被評為全球最佳B2B站點。隨後，阿里巴巴一躍成為全球規模最大的B2B電子商務網站。

一九九九年九月，剛拿到哈佛大學MBA學位的天才少年邵亦波回到上海，他和來自哈佛的校友創辦了易趣網，這也是中國第一個C2C電子商務網站。隨後幾年，易趣網領跑中國C2C市場，為中國電子商務的發展做出很大貢獻。

一九九八、一九九九年中國互聯網處於一種極度活躍狀態，投資人和創業者都唯恐落後，拼盡全力想趕上互聯網這趟快車。他們認為偉大的網路時代正在到來，雖然誰也說不清網路公司究竟怎樣賺錢。

當當落地：當當是我們的孩子

一九九九年十月，當當網（www.dangdang.com）開通，李國慶、俞渝真正的創業生涯開始了！

要建立一個網上書店，前期工作之一是必須為書店取一個好名字，取讓人容易記憶，朗朗上口的好名字，是建立一個響亮品牌的第一步。在《亞馬遜書店傳奇》一書中提到，品牌戰略的第一步就是起一個好名字。亞馬遜書店的名字就起得特別好。

俞渝也開始思考網上書店應該取個什麼樣的名字。一開始，俞渝在想名字的時候，唯一的條件就是簡單。她最早想好的名字叫「網上」，一查對，已經被別人搶先註冊了，於是就廣泛發動親朋好友起名字，唯一的要求是名字一定要響亮。很快收到了「幽靜」、「開卷」、「梧桐」等三十多個名字，但其中並沒有讓俞渝中意的好名字。

後來俞渝注意到，那時候搜尋引擎系統比較老，公司名字按照字母順序排，首字母靠前的佔便宜。於是她就從A開始起名字，起了一大堆，還請人幫忙起，從A開始取「阿詩瑪」，B開頭「斑馬」，D就是「當當」和「叮叮」……經過不斷地篩選剩下幾個名字。這時俞渝出了個主意，讓大家都坐下，找個人挨個念這些名字，聽著哪個響亮就用哪個。結果，一致認為「叮叮」和「當當」最響亮，好記而且容易上口。那麼用哪個呢？到註冊中心一問，叮叮已經被別人搶先，於是最後選擇了「當當」。

「當當」這個名字確實取得好，有人分析這個名字時認為「當當聽起來類似超市收銀機打開時的聲音，因此象徵了當當網能夠財源廣進」。其實這個分析並沒有分析到關鍵之處。「當當」之所以好，就好在兩字連用，帶有卡通味道和童趣。試想，我們念「當當」的時候，是不是像在叫一個小朋友的名字？這就使得「當當」名字聽起來特別親切。後來這種命名法也在網路流行起來，如拍拍、圈圈。

已經為未來的網上書城起了一個毫無霸氣，親切上口的名字，那麼接下來就可以真正著手了。一九九九年，在可供書目資料庫做好之後，沒有太多網路經驗的李國慶和俞渝開始著手網上書城的籌辦。

剛剛創業的起步階段，當當網沒有辦公地點、沒有員工，俞渝就在李國慶的圖書公司裡闢出一間沒有窗戶的小屋，然後在新浪的首頁上放了一周的招聘廣告，找來幾個人就開始營運了。他們請了幾個網路工程師，做了若干頁面，把可供書目資料庫放上去，一九九九年年底，簡單的網上書城開張了。

一開始，當當網還面臨來自眾多競爭對手的挑戰，就在當當網宣佈開始營業的前後一兩年，中國的網上書店數量經歷了一場大爆發，最多時有三百多家，例如同樣宣稱自己是「全球最大中文網上書店」的「博庫網」（bookoo.com.cn），科利華的「全國購書網」（goshoo.com）、席殊與許暉的「旌旗網」（jingqi.com）、方正科技與人教社的網上書店、聯想金山共同投資的卓越網等相繼冒出來，各有各的資源優勢。而在二〇〇〇年，風險投資向網上書城投注資金的時候，當當網第一輪融到了六百多萬美元，而競爭對手卓越、八佰伴、8848都比當當網多。

對於不可知的未來，李國慶充滿自信，他說：「從可賣書、銷售額、人流三個指標來看，當當網肯定是第一。當當網強調的仍是『書店模式』，不跟圖書館比。」俞渝堅持當當網的圖書戰略，她說：「品種不全我們就慢慢增加，分類不好就年年修改，搜尋引擎流行就增加圖書搜索，海量計算積累用戶的購書品類和愛好。」

在李國慶和俞渝的精心打理下，二〇〇〇年，當當網開始從眾多競爭者中脫穎而出，李國慶宣稱：「網上書店我們不是第一家，一年前，全球中文書店有八十七個，半年前有一百四十多家，現在可能有三百家。現在數一數，一年前那八十多家差不多都死掉了，現在活著的大多數，我們願意叫它網上書攤。」

這時的當當網有引以為榮的「夢幻團隊」，包括來自風入松的王曦（營運總監）、瀛海威的海洋（技術總監）、貝塔斯曼的吳迦南（資訊總監）、微軟中國的閻光（市場總監），不過李國慶表示，當當網的管理團隊面臨的挑戰的確很大，已做了好多調整，「很痛苦」。二〇〇三年在北大的一次演講中，李國慶半開玩笑地回憶了公司剛開始時自己與這些大牌磨合的情形，「公司成立之初，我們連一個例會都開不起來。來自微軟的說，應當週一開會，週一有若干好處；而來自英代爾的說，週一不行，週一大家工作壓力太大，週四最好。」

亞馬遜網：當當的老師

以行業第一為標竿才能找準企業的發展方向，早在一九九五年俞渝就注意到了亞馬遜網上書店。要做就做最好，李國慶、俞渝自己要創辦網上書店時，亞馬遜無疑是最好的樣板。

俞渝在許多場合都宣稱，當當網的成立是對亞馬遜這個世界最大最知名的網上書店的學習。二〇〇三年英國知名財經雜誌《經濟學家》發表封面文章「當當網在中國成功複製亞馬遜」。對於「成功複製」這種說法，俞渝的態度很坦然，她說：「中國古話說得好，三人行必有我師，擇其善者而從之，『當當』不恥於當學生，因為有得學比沒得學要好。」

提起亞馬遜網上書店，就不得不提它的創辦人傑夫．貝索斯。一九九四年，貝索斯放棄了在華爾街一家基金公司的副總裁職位準備去創業，他和妻子開著車周遊美國，希望找到創業的合適地點，最後他們來到了西雅圖，西雅圖是美國西北部最大的城市和經濟中心，西雅圖也是微軟、波音和星巴克咖啡等公司的總部所在地，另外西雅圖有無數的小公司，非常適合創業。

於是貝索斯用三十萬美元，在西雅圖郊區他租來的房子的車庫中，創建了全美第一家網路零售公司「amazon.com」，貝索斯用全世界最大的一條河流來為公司命名，希望它能成為出版界中名副其實的「亞馬遜」。

公司草創期間，僅有三個「SUN」公司生產的工作站和三百名免費試用顧客。從創業開始，在華爾街投資公司工作多年的貝索斯就表現出了在融資和財務管理上的超凡能力。在公司起步階段，貝索斯花了一年時間來建設網站和設立資料庫。一九九五年七月，亞馬遜網上書店正式開通，呈現出每年二〇〇%的驚人增幅。

一九九七年五月初上市時，亞馬遜公司股票每股僅九美元左右，而到一九九八年十一月，股價增長了二十三倍，達到二〇九美元。至一九九八年底，亞馬遜股票突破三百美元大關，二〇〇〇年一月更突破四百美元大關，其市價總值達二百一十億美元，比擁有一千餘家分店美國最大的龐諾書店的市值高出八倍多。

一九九九年十二月十九日，傑夫·貝索斯，作為全球最大網路書店——亞馬遜網路書店的創始人被美國《時代》週刊評為年度封面人物，當選理由是「革命性地改變了全球消費者傳統購物方式」，這一年貝索斯只有三十五歲，但這一年亞馬遜公司根本沒有獲利，它的虧損額高達三·五億美元。

二〇〇〇年，隨著網路泡沫化，亞馬遜也遭遇前所未有的衝擊，亞馬遜的股價大跌。有關亞馬遜網站和貝索斯的負面新聞隨處可見，亞馬遜網站也被描述成了「amazon.bomb（亞馬遜炸彈）」和「amazon.toast（toast意味死定了）」。由於當時亞馬遜一直未能實現獲利，亞馬遜的末日似乎即將到來。

但是亞馬遜很快挺過了這段艱苦時期，二〇〇二年亞馬遜網上書店開始獲利，現在，亞馬遜網路書店已經成為全球電子商務的一面旗幟。從一九九五年創辦到如今，亞馬遜公司的全球客戶已達四千萬，是最受歡迎的購物網站；它在網路上銷售的商品已達四百三十萬種；營業額超過十億美元；其股票市值更超過了三百億美元。公司儼然已經發展成為「網路帝國」，除了書籍，網站目前所經營的產品還包括電影、音樂、軟體、手提包、精美食品、傢俱、美容產品等。

貝索斯是怎樣創造亞馬遜神話的呢？一方面他看到了網路的巨大潛力，據說最早促使貝索斯投身電子商務的靈感來自一九九四年在華爾街工作時，有一天他打開電腦被一組資料震撼了：網路用戶在過去的一年當中激增二三〇〇%。

另一方面貝索斯有自己的經營理念，這就是「顧客至上」，亞馬遜公司的核心策略是：將心放在客戶上，而非競爭對手上。所有的員工都以顧客為中心，力爭讓顧客得到一個完美的購物體驗。貝索斯非常注重客戶的口碑傳播，他曾說，在網路上，如果顧客覺得受到了冷落，或者我們的服務不夠周到，那他告訴的不是五個人，而會是五千個人。正是貝索斯的這種經營理念，使得亞馬遜的形象在顧客心中非常可靠。

貝索斯和他的亞馬遜就這樣不斷為消費者創造優質的服務，不斷提升網上購物的用戶滿意度。經過亞馬遜的開拓，在全世界引發了一股投身電子商務的熱潮，李國慶、俞渝也投身其中，最後他們也獲得了成功。

李國慶與俞渝的當當網正是從學習亞馬遜開始，逐漸走出了一條自己的新路。

二〇〇〇年，機械工業出版社翻譯出版了由美國資深撰稿人麗蓓嘉・桑德斯所著的《亞馬遜網路書店傳奇》，這本書簡直成了中國電子商務從業人員的教材。俞渝要求當當網每個員工都要閱讀這本書，同時俞渝還鼓勵員工從亞馬遜網站上訂購物品，以獲得網上購物的真實體驗。

這本書被俞渝稱為「亞馬遜兵法」，書中提到的很多東西都被當當網吸收，並轉化為自己的成功經驗。例如亞馬遜成立後致力建立自己的配送中心，這一點即被當當網學習，當當網在北京、上海、深圳等地都有自己的物流中心；又如貝索斯鼓勵讀者把自己的書評發給網站，他把這些評論和出版商的資訊一起發布，這一點也被當當網學習，經過幾年的發展，當當網有了比較成熟的書評體系。

俞渝說：「從戰略層面上講，我們真正學習亞馬遜的只有兩點：一是多品種戰略，即讓顧客有更多選擇；另一個就是價格戰略，樣樣打折，用低價讓顧客在當當得到實惠。」當當網實施的「大而全」模式就是來自亞馬遜，而當當網在競爭中經常使用的「價格戰」，其實也是來自「亞馬遜兵法」。

當然，當當網並不是完全複製亞馬遜模式，李國慶和俞渝有他們的創新之處，或者說正是創新之處使得當當網能夠避免亞馬遜模式的一些弊端。俞渝認為當當成功的關鍵是「以開闊的心態和眼界去學習，並且在學習中重新建立適合企業本地化生存的新規則」。

俞渝總結認為，當當網在學習亞馬遜的過程中，根據中國現實的商業環境有四點創新：一是收款模式的創新。中國是現金交易的大國，在網上信用卡支付還不普及的情況下，貨到付款，並且最終由遞送員將款項給物流公司，再匯至當當網的帳戶上，成為適應現實的良性運轉模式。

二是配送環節的創新。中國沒有UPS、Fedex這樣覆蓋全國乃至全球的物流企業，當當網現下的做法是航空、鐵路、城際快遞、當地快遞公司齊上，「我們需要和二十多個運輸企業、四十多個快遞公司進行業務合作。」儘管管理和協調的難度增加，但卻解決了最短時間內送貨上門的問題。

三是交貨速度的創新。在亞馬遜，網上購物後通常在七個工作日後交貨，但是當當網經過研究比較發現，亞洲特別是中國消費者的耐心非常有限，於是當當網在交貨速度上力求快速。北京的消費者通常第二天即可送達，而上海、廣州、南京等一些較大城市通常在三到五天內可以收到。

四是服務的創新。中國消費者沒有像美國消費者那樣經歷過一個郵購的商業模式階段，對中國消費者來說，網上購物就像是「隔山買牛」，讓他們最大程度的放心，不僅需要政策、制度的保證，同時也需要多種服務手段的提供。當當網摒棄了美國網上購物與顧客溝通模式的單一化，而是用電話、email、QQ、BBS等多種手段，消除中國消費者網上購物的陌生感，降低網上購物的風險。

創富天使：IDG力挺當當網

李國慶與俞渝的事業能夠做大，其實最應該感謝的還是風險投資，當然風險投資決定給誰投資也是看人的。在美國矽谷流傳這樣一個說法，由一個哈佛MBA和一個MIT（麻省理工大學）博士組成的創業團隊是獲得風險投資人青睞的保證。為什麼這樣說呢？因為風險投資基金決定投資時，一看投資案有沒有潛力，能不能獲得市場認可；二看團隊，有沒有創業成功的潛質。一個哈佛MBA可以主管市場及公司內部管理，而一個MIT博士能主管技術。實務證明這樣的組合往往能夠獲得成功。

李國慶與俞渝這對夫妻檔又何嘗不是這樣呢？李國慶畢業於北大，在政府工作過，積累了豐富的人脈，同時也在圖書出版市場摸爬滾打多年，實務經驗豐富；俞渝是紐約大學MBA，在華爾街打拼多年，有過多次成功的經營案例。這樣一個組合顯然跟矽谷的哈佛麻省組合比起來毫不遜色，這也決定了他們能夠不斷拉來風險投資基金。李國慶也認為這是當當網能成功的重要原因。

正是看中了李國慶、俞渝這對黃金搭檔，IDG決定在他們身上投資。一九九六年，IDG就建議李國慶、俞渝可以考慮做網上書店，李國慶說不做，市場太小，中國的網民才兩、三百萬，強行去做只能光賠錢卻看不到希望。一九九七年、一九九八年，IDG催得越來越急。一九九九年可供書目資料庫建成，IDG方面認為時機已經來臨。他們認為，如果現在不幹，將來要付出成倍的代價，所以必須幹。

IDG提出先投一百五十萬美金，李國慶沒同意。他說：「我是自己有買賣的人，那邊事兒也挺多，像什麼出版、圖書發行等等，所以我說沒有五百萬美金我就不做，因為我認為肯定耽誤工夫。一百五十萬美金花完了，做不成，到時候大家還幹不幹？如果不幹，你IDG賠一百五十萬美金沒多大妨礙，我可是把我的時間都賭進去了，我一賠三年，人又老了，機會就很少了。」李國慶當時就堅持這一點，俞渝也支持。最後IDG和LCHG都同意了，又提出：「能不能先投二百萬美金，如果發展態勢好，就再追加投入？」李國慶堅持說：「五百萬美金不進帳，我不幹。」堅持的結果是李國慶不僅拿到五百萬美金，而且還多拿到三百萬美金，從IDG、日本軟銀、LCHG

那裡總共拿到八百萬美金。

李國慶說：「後來我分析，我們為什麼值這麼多錢，一是這些投資人急於投資，他們要搶時間，因為沒有供應商的資料庫，而他們又不可能再花一兩年的時間來建立資料庫，所以特別捨得下本錢；二是因為投資人看中我和俞渝這對黃金搭檔，也看中了我們組建的這支團隊，尤其是我夫人俞渝是紐約州立大學MBA畢業的，在華爾街做融資有過幾個很成功的案例。她在美國待了十年，語言、思維方式、運作方式完全是美國人的習慣，投資者非常信任她，又有共同語言。經過一番努力，她把我原先的工作計畫改頭換面，顯得非常有條理，很能吸引投資者。」

第二章

萬里征途，「當當」起步

萬里長征也要邁出第一步，當當網的萬里征途在起步之初就遭遇了風雲變幻的資本市場角逐，也遇到了突如其來毀滅性打擊的網路嚴冬，無數的網路公司被肅殺殆盡。尤其是二〇〇〇年四月，納斯達克高科技概念股暴跌，此前越炒越熱的網路泡沫無情地破滅了。電子商務旗幟、當當的老師「亞馬遜公司」的股票幾乎等同於垃圾，而中國電子商務旗幟、有「珠穆朗瑪峰之念」的8848公司也沒能躲過這一劫，凍死在網路嚴寒之中。但是，剛起步的當當網挺過去了，原因何在？

一、創業之初　風雲驟起

資本角逐：第一輪風險投資

二〇〇〇年四月三日，當當網成立後的第一輪融資順利完成，這次融資是由IDG、LCHG和最新加入的Softbank（軟銀）連袂完成的，三家風險投資基金一共向當當網投資了八百萬美元。

整個談判過程總體來說還算順利。俞渝對當當網的估值是一千四百萬美金，李國慶當時覺得能值個三、五百萬美元就不錯了，再多要，簡直是欺騙。讓李國慶始料不及的是IDG和LCHG真的投資了，另外還拉來了軟銀；此外，美國還有兩家風險投資公司也希望投錢。最後商量的結果是，IDG、LCHG和軟銀三家按三、三、四的比例投錢，對當當網的估值達二千萬美金。

當當網「稀里糊塗」就被估值到二千萬美金，李國慶還是有點「心虛」。一些華爾街的朋友給他打氣，說你儘管「吹」，你「吹」得再厲害，「吹」的速度也趕不上網際網路發展的速度，但是李國慶還是心裡沒底。

在整個談判過程中，最難的是股權分配問題，後來因為股權，李國慶多次與投資方發生衝突。最開始投資方認為李國慶、俞渝只能拿七％，這跟李國慶想像的二十三％差距很大。當時李國慶心想，如果我個人拿得少，我們這個團隊也就拿得少，我們的團隊就缺乏吸引力。所以在後來的談判中，李國慶據理力爭，說自己股權不能太少，李國慶提出三條理由：第一，我們這些創業者幹得非常辛苦；第二，我們根本沒有像國外那樣，拿到二十幾萬美元的年薪；第三，股權稀釋得太多，會影響我將來的積極性。後來投資方將股權改成十五%，李國慶仍然不能接受。最後談判協商的結果是：IDG、LCHG、軟銀等向當當網投入八百萬美元風險投資，換取當當網五十九%股份，俞渝、李國慶夫婦及其創業團隊通過北京科文經貿總公司共持有當當網四十一%的股份。

錢拿到了，李國慶、俞渝心裡有了底氣。俞渝對外表示，新投入的資金將主要用於改善客戶服務、員工培訓、配送系統和升級電子商務的IT基本設施。新的一萬平方米的配送中心正在北京建設，該中心運行後，將大大提高訂單滿足率。其他擴充計畫包括：增加四十個城市送貨到府；開通中國圖書採購網，建立起連接圖書出版商和零售的電子商務橋樑。當當網電子商務系統的升級將保障讀者訂購、配送、客戶服務和結算系統能夠實現高度智慧化的有效運轉。

其實投資者不光給當當網帶來繼續支撐下去的資金，還帶來了其他許多可利用和共用的資源。像IDG就一直在推動著當當網的發展，正像IDG副總周全說的，「IDG比較注重投早期的互聯網公司。IDG尊重創業團隊，同時力圖參與公司的經營管理，利用IDG豐富的人脈資源為公司發展出力。不斷地為企業做業務的評估和計畫，不斷地介紹各種各樣的合作夥伴給他們，不斷地幫著處理各種大大小小的日常危機，不斷幫助企業引進新的戰略投資者。」LCHG更有一些著名的國外專家和豐富的研究報告等資源，也使當當網受益匪淺。

李國慶清楚記得，二〇〇〇年的一個週末，他和俞渝還在睡覺，周全上午九點半，跑到他家樓下給自己打電話，說都九點半了怎麼還睡懶覺，然後又對李國慶和俞渝說，你們這六百八十萬美金怎麼才花那麼點？

李國慶問應該幹點什麼，周全說趕緊花，「你們倆一看就搞傳統企業出身的，有網路公司已經買了球隊，某某公司已經把三個機場的看板都包了。現在要打知名度，你們懂不懂？你們把錢留著，將來你們就永遠失去機會。」李國慶反問錢花完了怎麼辦，周全說花完了再融資三千萬美金。結果就在IDG的「要脅」下，李國慶、俞渝緊急做了一個廣告投放方案，但也只花了四百萬人民幣，在北京、上海、廣州公車花錢打廣告。最初做了八百萬美金預算，先投了四百萬人民幣，發現帶來的流量和訪客太少了，李國慶立刻就叫停，IDG不讓停，於是李國慶就跟他們辯論說：「我就是一個網上賣東西，沒那麼大吸引力，讓不是網民變成網民，網上買東西太難了，我就在網民中找我的顧客，從此我的廣告經費全在網上，把不是網民變成網民是新浪、搜狐的事」。

對這個決定李國慶一直「沾沾自喜」，他說：「什麼事都聽投資人的也麻煩」，俞渝也說：「華爾街經常是半年風向一變，很難說未來還能融資兩千萬美金，所以這六百八十萬美金就得留下一部分過冬。」果然二〇〇〇年剛過，網路寒冬就突然來了，眾多網路公司倒閉的倒閉，被兼併的被兼併，而當當網由於一分錢掰成兩半花，在最慘澹的時候，銀行帳戶上還有四百萬美金。足夠過冬了！

在創業團隊和投資人的共同努力下，當當網飛速發展。二〇〇〇年，當當網可供圖書有二十萬種，占中國可供書的九十％，並且每天增加二百個新品種和一百本特價書，日訪問量為七．五萬人次，下單率三％，單日銷售量到二〇〇〇年三月已平均達到十二萬元，其中有兩成的來客為海外讀者。二〇〇〇年七月，IDG總裁麥戈文在完成對當當網上書店的考察後表示，雖然當當網尚未獲利，但網上購書的市場很大，再加上當當網的營運狀態穩定，相信當當網在未來有很多機會，同時麥戈文表示，如果需要，IDG願意追加投資。看得出IDG方面非常信任李國慶和俞渝，雙方從一九九六年合作以來，IDG已經為當當網作了多次追加投資。

聯合總裁：優勢互補的強強聯合

雖然李國慶明確說過「當當網不是夫妻店」，但是在旁人眼中，當當網其實是不折不扣的夫妻店。當當網給外界留下夫妻店的印象，其中一個重要原因就是「聯合總裁」這一別出心裁的職位設置。

當當網「聯合總裁」職位的設立，顯然是多方力量權衡的結果。如果單從李國慶的個性來說，他是一個比較強勢的人，很難容忍別人對自己指手畫腳，他是當當網的董事長，按照他的意願，他理所當然應該是當當網的總裁，但是投資人似乎對李國慶喜歡獨斷專行這一點很不滿，儘量想辦法來制衡李國慶。二〇〇八年，李國慶在一次電視採訪中幽默地說起聯合總裁的來歷，他說：「因為那些投資人不相信我，他們覺得俞渝在華爾街待過，比較靠譜，所以要弄個聯合總裁看著我！」李國慶很「委屈」，他說投資人認為他沒在國外企業做過，是「土包子」，不值得重用，投資人更信任俞渝這樣的「海龜（海歸）」。

投資人力挺俞渝，要讓俞渝做總裁，但是俞渝不這麼看，俞渝覺得「一個做妻子的如果在一個居高臨下的位置，我自己都會不舒服」。俞渝更願意居於李國慶之下，讓丈夫做總裁或者CEO，自己做副總裁。如果按照這種正副總裁的設置，也存在一個問題。李國慶雖然熱愛社交，但其實並不喜歡面對媒體，而媒體在採訪一家公司的時候，卻喜歡採訪總裁，畢竟在某些重要問題上副總裁沒有決定權。這就導致李國慶可能要花很多時間去應對記者和媒體，李國慶對此有點不適應。所以最後在各方權衡之下，乾脆設立一個「聯合總裁」的職位，李國慶與俞渝平起平坐，同時李國慶是董事長，總體來說，在當當網比俞渝「官」大一些。這種設置皆大歡喜，李國慶的強勢性格得到滿足，而俞渝也心安理得，她說：「如果叫聯合總裁的話，我覺得起碼我不在他上頭。」另外投資人也能夠接受。

雖然是聯合總裁平起平坐，但兩個人還是有分工的。一九九九年創辦當當網時，李國慶管市場、採購和一些功能部門，而俞渝負責人事、客戶服務、財務等行政工作。二〇〇四年一月一日以後，俞渝和李國慶之間的工作做了部分調整，重新分工，李國慶全面負責公司內部管理，而俞渝主要負責資本市場、資本運作。俞渝分析這種分工格局時說：「他管的部門他說了算，我管的部門我說了算。他管市場、採購、編輯，我管技術、人事、行政、財務、物流，所有沒有創意的部門都由我管，他管的都是有創意的部門。但總的來說他的職位比我高，我們倆都是聯合總裁，但他是董事長，最後還得下級服從上級。」

這樣的分工顯然充分發揮了兩個人的長處，李國慶的市場判斷力和執行能力比較強，而俞渝由於有華爾街工作的經驗，更善於處理與資本運作相關的事務，包括與投資人之間的互動、公司內部的財務工作等。

由於俞渝負責跟媒體打交道，在當當網成立十年以來，俞渝面對記者和媒體的次數比李國慶多好幾倍，這也導致在外界的印象中，俞渝在當當網比李國慶更有發言權，甚至有時別人介紹李國慶時，說：「他是當當網總裁俞渝的老公」，彷彿李國慶是生活在一個女強人背後的懦弱男人。這是完全的誤解，俞渝說：「就當當網而言，國慶的功勞要比我大」。

李國慶與俞渝同為聯合總裁，但是在工作中必不可免地要遇到分歧和爭執的情況，那麼他們是怎麼解決這些問題的呢？俞渝說：「當當網的決策是民主決策，不存在誰讓步，關鍵是誰說服誰，以理服人。開始創業時，我們的分歧比較多，現在公司比較穩定，爭執也少了，有什麼爭執也是過一陣就完事了，我們都不記仇。」看來這對夫妻總裁真正做到了「聯合」。

外界普遍認為，當當網一路高歌，得益於李國慶、俞渝的優勢互補，因此也有人把李國慶、俞渝這對聯合總裁稱為「黃金搭檔」。這一點俞渝也非常認同，她說：「如果當當網不是我和國慶一同創辦，要是換了任何一個人，我想發展速度不會這樣快，這麼好，夫妻聯合創業就是具有優勢。比如在亞馬遜的問題上，我和國慶很容易就達成了共識，再和其他人談一談，很快就決定了賣還是不賣。」

俞渝認為，當當網能成功很重要的一點就是他和李國慶的互補性。「即使不是夫妻共同創業，就是創業夥伴也需要互補性，這樣更容易成功。我的專業是融資，在海外資本市場有一定的人脈資源，而國慶是政府官員出身，國內的人脈資源比我豐富，在圖書出版這一塊尤其如此。這兩方面一結合，我們做網上賣場就比別人容易成功。」

對此李國慶也承認，他曾說自己早期創業十年一直做不大，一直在苦苦掙扎，直到遇見俞渝，才打開一個新的境界。李國慶認為，要創業首先必須找到對的搭檔，「很重要的一點就是大家都得有野心。我遇到過沒有野心的，老攔著我，說國慶你換個行業試試，總跟我說喪氣話。」「其次就是要匹配。如果你很強勢，跟你搭檔的人一定不可以強勢；如果他也很強勢，大家就吵翻了。如果你是有大方向的人，而不是在管理上很關注細節，你的搭檔應該在管理上很細心。這個匹配非常重要。」

李國慶否認一些朋友的說法，他們說：「你看你李國慶，在建立當當網之前這麼多年沒有真正意義上的合夥人，不也走出來了嗎？」李國慶說：「不對。如果我要能夠有很好的合夥人，在當當網之前我也會走得更快更大。」李國慶從內心深處感謝自己的妻子俞渝，是她給自己打開了一片新天地。

說到互補，俞渝、李國慶兩人各有特點。李國慶的特點是富有創意，有良好的市場判斷力；俞渝的特點是細緻、有韌勁，一個事情在做的過程中如果遇到阻力，俞渝不會在當時硬推，過三個月或半年後會再跳下來繼續推這件事情。總的來說，李國慶反應比較快，比較活；俞渝比較細，有恆心，細水長流，這可能就是俞渝、李國慶倆互補的方面吧。其實，不光是俞渝、李國慶倆人互補，引申來看，當當網整個創業團隊也強調互補性。全公司有二百四十多人，還不算外包的公司，在挑選各部門的管理者甚至一般員工時，都要根據部門工作的特點，在專業、經驗、性格特點方面，考慮個性和整體、互補組合的最佳效果。

二、寒冬之中　頑強堅守

遭遇嚴冬：網路寒氣逼人

一九九八年、一九九九年，無論是中國還是海外，整個網路經濟都是高速發展，熱錢都在向網路商機急速湧入，風險投資機構到處尋找投資機會，幾乎凡是沾著「網路」的公司都能拉到風投。

英代爾公司董事長安迪．格羅夫發出了網路時代的警世名言：「趕快跳上電子商務的高速列車，否則你將死無葬身之地！」中國電子商務市場成長迅速，從一九九九年八百萬美元成長至二〇〇〇年的四千萬美元，C2B（消費者對企業的電子商務）、C2C（消費者與消費者間的電子商務）、B2C（企業對消費者的電子商務）、B2B（企業對企業的電子商務）、G2G（政府間電子政務）等各種概念讓人眼花繚亂，就連國美電器、聯想、海信等家電企業也紛紛宣佈進軍電子商務。

但彷彿在一夜之間，網路的寒冬就襲來了。二〇〇〇年四月納斯達克開始暴跌，二〇〇〇年十一月底，納斯達克跌破二千六百點大關，從九個月前五千一百三十二點的歷史高位上下跌近五〇%。事實上，不只是網路，整個高科技資本市場都共同面臨著調整和困境：新浪的股價跌到了一．〇六美元，搜狐跌至六十美分，網易在上市的當天就跌破了發行價，一度只有五十三美分。而在國際上，思科的市場價值從五千七百九十二億美元下跌到一千六百四十二億美元，雅虎從九百三十七億美元下跌到九十七億美元，亞馬遜從二百二十八億美元下降到四十二億美元。統計顯示，二〇〇〇年美國共有二百一十家.com公司倒閉。

翻開報紙，打開網頁，網路公司裁員的消息歷歷在目。據美國一家人力介紹公司的調查，二〇〇〇年七月到十二月，網路公司的裁員人數大約增加六〇〇%，從上半年的五千零九十七人增加到三萬六千一百七十七人。十二月互聯網公司宣佈的裁員人數創歷史最高，達一萬零四百五十九人，比十一月創下的記錄八千七百八十九人增加了十九%，而十一月份的裁員人數比十月份增加了五十五%。

寒冬並沒有止於二〇〇〇年，接下來的這一年才是真正的考驗。二〇〇一年，從年初到歲尾，網路業界寒風凜冽，有關網站裁員、併購、關門的消息不絕於耳。據統計，當初進入網路行業的百萬大軍，歷經裁員洗禮後，剩下的不足七十%。在這一輪裁員風暴中，比普通員工更早出局的，是各個公司一度大權在握的首席執行官、首席財務官、首席技術官們。在中國也不例外，先是童家威離開美商網，接著是黎錦輝、陳素貞離開網易，然後是陳一舟離開ChinaRen、王峻濤撤離8848，連新浪的創始人王志東都不能倖免。在這樣一個網路寒冬裡，電子商務公司真是感到了徹骨的寒冷。

亞馬遜公司作為全世界最大的網上書店，公司的市值一度達到二百二十一億美元，成了所有網路公司的奮鬥目標。但在二〇〇〇年十二月已跌到六十二億美元，它的股價二〇〇〇年一月份時一度每股高達四百美元，二〇〇〇年十二月二十一日狂瀉至十四．八七美元。當時有分析家甚至估計，亞馬遜公司二〇〇一年的市值有可能跌至十億美元，那時它很可能成為傳統零售連鎖企業收購的對象。

中國電子商務的旗幟8848公司也於二〇〇一年凍死在網路寒冬之中。8848的毀滅之路，源於二〇〇〇年十二月底公司的拆分。當時正是亞馬遜公司最危急的時候，8848的投資人從亞馬遜的股價大跌，分析認為B2C業務不再受納斯達克投資者追捧。投資人想到了將8848主業調整為B2B，於是在眾多員工的反對聲中將8848強行拆分。王峻濤率領部分員工組成MY8848，繼續從事B2C。然而，二〇〇一年由於MY8848的兩個股東關於資金以及B2C前景的分歧，鬧到最後不歡而散。MY8848頓時陷於混亂，王峻濤夾在中間也無能為力，最後MY8848凍死在網路寒冬之中，而老的8848公司在勉強維持幾年後，也銷聲匿跡。

無論是國外的「大河」亞馬遜，還是國內的「珠峰」8848，這場網路寒冬都讓他們經歷了慘烈的折磨，當當網也不例外。

後來有人問俞渝，「從一九九九年創業到現在，你覺得最困難的階段是什麼時候？」俞渝回答說：「不能用『最』來形容，因為做企業困難天天都有，問題天天都有，克服一個問題可能會蹦出十個問題，每天都要去面對新的東西。但是我覺得比較孤獨的時候是在二〇〇一、二〇〇二年，所謂互聯網神話破滅的時候，那時候很孤獨，我爸媽都不知道我在幹嘛。」

「我去招募員工，我得一直跟人家解釋為什麼要成立當當網，有理沒處說，那時其實業務沒有受影響，一直在增長，我記得那時候《南方週末》有篇文章叫「走下神壇的互聯網」，裡面還把我給列上了。我很納悶，我還沒走上神壇呢，怎麼就宣佈我走下神壇了？我覺得做公司經常會有困難，能不能做成，能不能做好，需要數年如一日地面對和解決這些困難，都有灰心喪氣的時候，但之後，還要去解決這些問題。」看來俞渝對網路寒冬的經歷記憶猶新。李國慶也是如此，有人問李國慶，有沒有做過讓公司或同事失望的事情？李國慶回答說：「我認為我沒有讓人們失望，但我認為在營運當當網的過程中，最困難的時期是二〇〇一年和二〇〇二年。所有人當時都聲稱網路經濟的泡沫已經破裂，無藥可救了。我向人們表示，我相信這是消費的未來趨勢。」

後來有人問二〇〇一年當當網是不是經歷了一段非常困難的時期。李國慶幽默地說：「二〇〇一年互聯網泡沫了，最難的是我們招的那個『豪華團隊』，人家一看互聯網經濟不是這麼回事，說這是一個死掉了的概念，我這個管市場的副總原來是微軟（中國）的市場總監，管技術的副總原來是貝塔斯曼集團的技術總監，還有就不說了，有來自英代爾，有來自可口可樂的，這一年內就撤了，當時就剩我們兩口子。」網路泡沫破滅，讓當當網的這些職業經理人紛紛另謀高就。轉眼間當當網就剩下李國慶、俞渝夫妻倆在撐著，當當也成了名副其實的「夫妻店」。

這時李國慶和俞渝的很多朋友也勸他們撤了算了，留下資本開個實體書店，怎麼也比網上書店強。但是李國慶、俞渝沒有動搖，他們從公司資料看出即使是在網路低谷期，電子商務的增長也很快。李國慶和俞渝互相鼓勵，俞渝對李國慶說：「你看我們的顧客是不是每天在增長，我們的銷售是不是每天在增長，有這個數字，有一天還能融來錢，有了錢還能雇來跨國公司的人」。

俞渝相信統計資料：二〇〇一年，當當網銷售額逐月遞增二十～四十％，從二〇〇一年七月份開始，現金收入已高過了現金支出，每天的現金流有好幾十萬元。雖然國際通行的電子商務業績評估已從對收入的考察轉為對毛利率的關注，即使如此，當當的毛利率也可以達到二十～二十五％。

在幾乎所有人都對網路經濟悲觀失望的時候，當當網的投資人沒有撤，他們堅定地站在李國慶和俞渝身邊。IDG、軟銀、LCHG都在支持當當網，投資人希望當當網能挺過這個寒冬，迎來網路的春天。對此，李國慶多次表達過感謝。是啊，如果沒有這些風險投資機構的傾力支持，當當網不可能這麼順利的發展壯大。

二〇〇一年，李國慶、俞渝咬牙堅持著，他們有希望，有夢想，相信網路一定能快速走出低谷。二〇〇二年當當網提出增速不變，業績持平。但是資料顯示二〇〇二年第一、二季度公司還在虧損，對此只有採編和市場部的員工感覺還能堅持，而其他部門對未來都持懷疑態度；第三季度虧損只占銷售額的三％，而第四季度的增長完全達到目標，虧損只占銷售額的二％。二〇〇三年他們做到了盈虧平衡；二〇〇四年，當當網的銷售額與西單圖書大廈不相上下，占整個網上零售額的四十％。更令人吃驚的是，當當網每年保持一百八十％的成長速度，而傳統書店年增長率不會超過五％。

經過網路寒冬的劇烈考驗，當當網更加壯大，李國慶、俞渝也更加成熟。後來俞渝分析認為，對於當當網這樣以銷售書籍、音像製品為主的電子商務公司，網路「冬天」的說法不成立，因為資本市場的冬天網民照樣需要上網買東西。網路的泡沫是由於資本市場急於跑馬圈地造成的，各種資本紛紛往網路砸錢，而且根本不看什麼時候，怎樣能拿回收益。所以一旦由於某些事件的刺激，投資者對網路的信心下降，那麼從前那些被熱炒的泡沫毫無疑問地會迅速破滅。俞渝總結說：「對於那些只顧埋頭花錢卻不看路的人來說，即使在春天夏天也照死不誤，包括MY8848。」

腫瘤噩夢：生命本質的回歸

當當網正在從網路寒冬中走出，李國慶、俞渝的事業正在邁向新的起點，然而正是這個時候，俞渝遭受了當頭一棍。二〇〇二年十月，一份體檢結果讓俞渝感到從未有過的沮喪。經過體檢，醫生發現俞渝腎上有疑似腫瘤的一小塊東西。俞渝拿到體檢結果的時候，簡直感到世界末日就將來臨，她回憶說：「我當時有一點懵，特別的沮喪」。

此時的檢驗結果還只是疑似，而且就算是腫瘤還有良性惡性的區別。如果是良性，直接通過手術摘除就可以；如果是惡性，問題就嚴重了。但是俞渝一拿到這份體檢報告，她心就涼了半截。也許別人不清楚，但是俞渝明白，這種病是有家族遺傳的。俞渝說：「我妹妹當時正要做換腎手術，妹妹做透析已經有好幾年了，而我小時候就得過腎炎，我們家的女孩兒怎麼這麼倒楣啊。」俞渝提到妹妹做透析時的痛苦，說：「做一次要好幾個小時，每次妹妹做完透析後都要把她從透析機上抱下來。」

俞渝從醫院拿到體檢結果，渾渾噩噩回到家。回家後第一件事情就是哭，哭完後的俞渝想到了很多問題。「孩子怎麼辦？丈夫怎麼辦？家怎麼辦？當當怎麼辦？」俞渝最捨不得的是才五歲的孩子，其次是與丈夫辛苦創業這麼多年的當當網。

這時的當當網，正在從網路寒冬中走出，如果此時俞渝出事了，那當當網的半邊天就塌了。俞渝甚至考慮到了自己在公司中的角色讓誰來承擔這樣的問題，她說：「我想到了最壞的結果，想到了誰來接替我和我必須完成的一些事，公司的股東公司在國外，很多資料檔也都在國外，而且這些事情以前都是我自己處理，於是我開始做一些備份，讓律師熟悉這些檔。」

接下來，俞渝想儘量讓自己的生活恢復正常，於是拒絕了醫生住院檢查的建議，照常到公司上班，只是大部分時間要往醫院跑。「一個星期有三天時間在醫院做各種各樣的檢查，神魂顛倒地在醫院來來回回，不是丟了這樣就是落了那樣，自己也神經過份緊張，心跳過快，當時除了看醫生做常規檢查外還生平第一次看了心理醫生。」

在此期間，俞渝推掉了很多重要的會議和演講，「我沒有精力來回答各種各樣的提問，覺得自己很脆弱，因此很多『有責任』的活動我不參加，我想保護自己，小心對待自己，不給自己加碼，與當當無直接關係或與當當員工無直接關係的活動我都不參加。」

二〇〇二年十二月，俞渝終於等到了結果，是良性。但俞渝並沒有立刻接受這一診斷，因為俞渝擔心這是家族遺傳病，擔心北京的醫院給出錯誤的檢驗結果。為了確證腫瘤為良性，俞渝收拾行李來到美國紐約，同樣是「良性」的診斷讓俞渝感覺到紐約的天氣與北京一樣是晴空萬里的。

這次危機就這樣有驚無險的過去了，但是給俞渝留下了很多思考的空間，俞渝也從這次危機中收穫了一些新的人生閱歷。俞渝坦言：「做企業的人都比較容易忘我，這並不是指大公無私的忘我，而是指旺盛的事業心，但這並不能成為掩蓋對自己健康注意的理由。我在體檢前就曾感到過身體不舒服，疼痛，體重下降，當時也不是忙得沒時間去做檢查，只是天天想著當當的事，把健康拋在了一邊。」而俞渝現在明白了，人活著有時候要對自己好一點，把更多的時間留給自己。俞渝說：「應該更關注自己的健康，關心孩子的健康，關注丈夫的健康。」

俞渝在面臨這次危機時除了李國慶外並沒有讓別人知道，依舊像往常一樣工作，因為俞渝知道工作就是工作，生活就是生活，不能將二者混淆。「就像是跟家人吵架後，第二天辦公室裡的人沒有義務來感受你的不愉快氣氛，我們不能把別人當成自己的心理垃圾桶。」

但在這件事情上，俞渝還是覺得在跟自己親近人的關係處理上有問題，「總想著自己先扛，不願讓別人分擔，但我跟自己丈夫之間分擔得很好，其實這也就夠了。體檢結果出來後，丈夫很鎮靜很平穩，這對我來說很重要。」是啊，李國慶總在後面支持理解著俞渝，這對俞渝來說就足夠了，在危難中有家人的陪伴，其實是很幸福的一件事。

得知俞渝可能患有腎部惡性腫瘤後，俞渝在美國的一位女性朋友給了俞渝很多鼓勵，俞渝說這位美國友人：「她當時被醫生確診為乳腺癌，家裡還有兩個孩子，她的公司在中國的投資也遭受了失敗，家庭、事業和健康的壓力幾乎是同時而至。但她很樂觀，自己去醫院安排做手術，後來做化療，掉光了頭髮。她做手術把乳房都削掉了，她沒有氣餒，去醫院做了一個假的，而且還聲稱自己六十歲時將成為乳房最挺拔的老太太。」由於是同病相憐，這位朋友在疾病面前的樂觀深深感染了俞渝，用俞渝的話說，當時她們是互相鼓勵，走出困境。

經過這一次有驚無險的健康危機，俞渝不僅體驗到身體健康的重要性，還經歷了一場突發事件，幸好經過得宜的處理，危機很快就過去了。俞渝總結說：「一定要鎮靜，不要手忙腳亂和害怕，也不要抱怨。」

「非典」肆虐：當當網挺身抗擊

二〇〇三年初，中國的電子商務正在逐步走出網路寒冬的陰影，這時一次突發性事件發生了，就是「非典」病毒突然在中國瘟疫般的蔓延。在這一次舉世震驚的惡性傳染病暴發期間，當當網奮然挺身，發揮出自己特有的力量來和人民共同抗擊這場病魔的襲擊。

二〇〇二年十一月十六日廣東佛山發現第一起後來稱為SARS的病例；二〇〇三年二月中旬廣東進入發病高峰期；二〇〇三年三月十五日世界衛生組織將此疾改稱「嚴重急性呼吸系統綜合症（SARS）」；二〇〇三年四月十六日世界衛生組織在日內瓦宣佈，病毒已經找到，正式命名為SARS病毒；二〇〇三年四月、五月這兩個月是整個抗擊「非典」最為緊張的兩個月，當時整個中國談SARS色變，人們儘量少出門，少上行人密集的地方。SARS讓傳統服務業受到毀滅性的打擊，商場、網咖、電影院等平時消費者聚集的場所受到很大的衝擊。

SARS不僅嚴重威脅到人們的生命健康，也讓傳統服務受到了打擊，從而將人們的採購需要推向了新興的電子商務企業，人們自然也開始傾向網上購物，因為網上購物可以在家或者辦公室就完成，不必到擁擠的商場，與外界的接觸少，環節簡單，購物過程封閉，可以減少被感染的風險，已經發展了幾年的B2C電子商務開始繁忙起來，整個行業突然遇到了一股強勁的推動力。當當網也在這個大潮中發揮出巨大作用，率先衝出網路寒冬。俞渝在做客新浪聊天室時說：「這一段時間因為非典的緣故，短期網上銷售非常火爆，尤其是北京、上海地區。而除了非典這個因素以外，我們還看到了另外一亮點，那就是網上銷售這三年來一直是呈上升趨勢。這次非典的爆發是一個推波助瀾的偶然事件，大多數人都在網上娛樂和買東西。」

二〇〇三年四月份，當當網的訪問量比三月份激增兩成，銷售額也同比增長了三十%。俞渝回憶道：「差不多是四月中旬開始這種突然增長的，尤其是在北京地區。那時候，北京市民對健康的關注越來越仔細，很多人不願意到擁擠的地方去，就選擇了上網購物。」

四月底進入五一黃金周，情況更加明顯。本來每年五一長假期間，對傳統的實體商店是銷售旺季，對網上銷售來說，五一長假往往是銷售淡季，所以過去幾年當當網在五一和十一黃金周期間會選擇讓部分員工放假，而二〇〇三年情況丕變。人們在五一期間不願出門旅行，更願意待在家中。很多顧客就在家中上網購物，當當網流量大增。結果這一年五一期間的銷售額是二〇〇二年同期的三倍左右。五一黃金周期間，當當網的電視連續劇光碟賣得非常火爆，俞渝分析說：「這是因為大家有時間了，悶在家裡不出去，平時看連續劇少看了一、兩集，想補上，所以連續劇賣得很好。」在圖書熱門類別中，「健康」、「食譜」一度躋身第五、第六，此前，這兩個類別從未進入過當當前十五位。食譜類圖書銷售增長快速有兩個原因：一是擔心衛生，在外吃飯的上班族急劇減少，眾多的上班男女紛紛借助食譜走進了廚房；二是家庭主婦也買食譜，因為平時很少在家吃飯的兒女們，因為非典都回家吃飯了。在非常時期，食譜與電子商務的主流產品影視VCD、音樂、遊戲等，一起為拉動電子商務的增長小小地出了一把力。在熱銷的圖書中，尤其以防止非典疾病的書籍成為熱點中的熱點。二〇〇三年四、五月份期間，這些圖書在當當網每天持續銷售上千冊，最後一共售出三萬多冊。

在銷售量大增的同時，當當制定了很多策略來防止病菌的傳播，當當發送部門去和快遞公司的遞送員開會，培訓他們，讓他們意識到傳染途徑是什麼，危險是什麼，同時要求送貨員戴口罩。從二〇〇三年三月底四月初開始，當當網每天要用過氧乙酸對庫存貨物進行兩次消毒。

經過兩個月的奮力抗擊，非典發病的高峰期過去了。二〇〇三年五月二十九日北京新收治確診非典病例首次降到零，當日確診與疑似病例之和也首次降至個位數；六月一日首都高校應屆畢業生首批返校；六月十三日世界衛生組織宣佈從即日起解除到中國河北省、內蒙古自治區、山西省和天津市的旅遊警告；六月二十四日世界衛生組織宣佈，北京的非典型肺炎疫情明顯緩和，已符合世衛組織有關標準，因此解除對北京的旅行警告，同時將北京從非典疫區名單中除名。六月以後，非典的恐懼終於過去，人們又恢復了平靜，生活又像從前那樣忙碌起來，但是電子商務沒有隨著非典的過去而冷卻下來，恰恰相反，非典彷彿點燃了中國電子商務的引擎。

消費者在非典期間，由於形勢所迫不得不採用網上購物，電子商務也發揮了自己所特有的優勢。當當網首當其衝擔負起非常時期的網購需要，並且在對宣傳科學抗擊非典起了很大作用，同時彌補了北京、上海等大城市裡忙碌上班族們稀缺的購物時間。非典促使人們改變了消費習慣，使人們認識到網上購物有著傳統購物所不具備的便利，因此培育了新的消費熱點。這非常時刻的確也推動了中國電子商務的發展。

三、爭奪股權　智中求勝

辭職逼宮：是勇，是謀，還是形勢所迫

二〇〇三年十月二十八日，當當網的員工以及所有IDG投資的國內各個企業領導，包括UT斯達康國際通信（中國）公司總裁吳鷹、3721公司的總裁周鴻禕等人都收到了這樣內容的一封E-Mail：

——原始郵件——

發件人：李國慶

發送時間：2003年10月28日 21:36

收件人：當當管理人員

主題：我的感謝以及任期

各位同事，

按我六月給董事會的請求，我在當當聯合總裁的任期將於今年底結束。

我很高興在過去四年領導當當創造互聯網的奇蹟。當當——一個純粹的網路銷售能夠發展壯大，能夠持平，這些都是我們大家的驕傲！

我以和大家共事四年而自豪。

由於董事會二位股東在創業股權上對我的誤導和無賴，我只好選擇辭職。此時此刻，我心潮澎湃，最令我掛念的不是我已經獲得的當當股權，而是跟隨我一起戰鬥的同事！我的選擇會令你

們不安。但我可以負責的講：歡迎大家加入我將創辦的新的電子商務公司。

未來是勇於創業者的未來！

最後，讓我感謝大家給我的支持！

李國慶

在電子郵件中，李國慶說自己與董事會的兩位股東矛盾無法調和，自己要離開當當網。在信件最後，李國慶筆鋒一轉，說自己即將創辦一家新的電子商務公司，並且邀請當當的同仁加盟他的新公司。這似乎是在暗示著什麼？

李國慶開始著手給新公司註冊，這家新的電子商務公司據說叫「叮叮網」。這是怎麼回事？本來投資公司與李國慶夫婦合作得很好，在當當網開始運作時也一直是IDG的代表在密切指導公司運作，怎麼會突然鬧到要拆夥的地步？

冰凍三尺非一日之寒。在創業公司中，資本結構是一個非常敏感的話題，投資人想要控制公司，創業的管理團隊也想要控制公司。兩方在暗中較勁。

這件事的直接導火線是，二〇〇三年六月，李國慶夫婦提出要股東獎勵創業股份的要求，希望將創業四年來公司增值的部分，分一半給管理團隊作為獎勵，但是遭到了股東的反對，理由是要價太高。

李國慶提出股份獎勵的目的很明確，就是希望加重創業團隊在公司中所占的股份比重，進而將公司牢牢控制在自己手中。尤其要避免由於自己的股份被過度稀釋，在董事會裡沒有發言權，最後被董事會掃地出門的悲劇命運。

IDG、軟銀的投資人當然也知道李國慶的真實目的，自然堅決抵制。據李國慶在一次採訪中說：「股東聽到我在為他們算帳時暴跳如雷。」投資人是不可能放棄自己對公司的發言權的。

李國慶對投資人很不滿，他抱怨說：「我很奇怪了，年年都說我們是合作夥伴，現在怎麼就不是了？其實在股東的觀念中，我們依然是雇來的打工仔，我則表明我們是中國的創業企業家！」

由於李國慶與公司的聘任合約正好十月份到期，他告誡股東如果股東不考慮自己的要求，他只能在合約到期後走人。此時俞渝也非常支持李國慶，她鼓勵李國慶：「只要我們能夠做出不斷增長並且保持持平或者獲利的報表，總會有資金來。我們還是再去美國跑一趟吧，看看別的風險投資公司能否投資。」

李國慶甚至「提醒」股東，自己不是王峻濤也不是王志東，自己的融資能力不能低估，朋友圈子裡手拿幾億的人不在少數。但是老股東依然沒有動搖，回答李國慶說走人可以，但不能夠再獲股權。

老虎出沒：誰怕誰

這種僵持的局面一直沒有任何進展，李國慶夫婦暗中在與別的風險投資公司聯繫，希望能拿到資金，這樣讓自己在與老股東談判破裂時能有迴旋餘地。

二〇〇三年八月，李國慶遇到了老虎科技基金。那時老虎基金正在籌畫進入中國市場，同時向幾家中國公司伸出了橄欖枝。老虎基金往當當網的客服信箱發了一封郵件，說他們正在中國尋找合適的投資項目，希望能和當當網的總裁談一談。當當網的工作人員收到郵件後，立即向高層作了彙報，李國慶答應和老虎基金進行接觸。當時俞渝在紐約，老虎基金的代表來到北京和李國慶談了第一次，雙方均表示有合作意向。

老虎基金是全球最大的風險投資公司之一，與索羅斯的量子基金齊名。此前由於在國際金融市場對盧布、對日元接連投資失敗，老虎基金元氣大傷，甚至傳出要倒閉的新聞。

九〇年代老虎基金一直奉行「價值投資」法，依上市公司的獲利能力推算其合理價位，再逢低進場買進，高檔拋售，這種投資策略使它錯過了網路新經濟，沒能夠搭上高科技快車。因為網路公司的增幅在傳統公司是難以想像的，在短短幾年間就有可能發展壯大。為形勢所迫，二〇〇〇年之後老虎基金也開始大規模進入新經濟領域，投資那些處於上升階段的小公司。

在跟當當網接觸的同時，老虎基金分別向E龍投資一千萬美元，向卓越網投資七百五十萬美元。尤其值得注意的是老虎基金對卓越的投資。

二〇〇三年十月中旬，老虎基金通過旗下的老虎科技基金向卓越網投資七百五十萬美元（合五千二百萬人民幣），此舉讓老虎科技基金一躍成為了卓越網的第三大股東，另兩大股東分別是金山和聯想。經過此次融資，卓越的股權結構大致是第一大股東金山占五十％左右，聯想投資和老虎科技基金各占不到二十%。卓越在得到老虎基金的注資後，當即宣佈拿出五百萬人民幣回饋用戶，開始了大規模促銷活動，將配送費降到一元，同時加大打折力度。

老虎基金似乎急於參與中國網路新經濟，老虎科技基金的投資代表曾明確對卓越表示：「你要多少錢我都可以投」。最終，由於金山與聯想因為不願過分稀釋自己的股權而「只要了五千二百萬元」。

現在老虎基金又向當當伸出了橄欖枝。這不是很矛盾嗎？既然已經向卓越注資五千二百萬，成為卓越的第三大股東，又何必向卓越的競爭對手當當投資呢？

這其實跟老虎基金作為對沖基金的投資策略有關，對沖基金的運作模式，就是通過風險對沖的方式來規避風險。當老虎基金分別投資當當和卓越後，不管是當當擊敗卓越，還是卓越擊敗當當，又或者兩家繼續共占市場，老虎基金都是穩賺。相反如果只投資卓越，一旦卓越被當當擊敗，那麼老虎基金就血本無歸了。

當當與老虎基金的談判中，俞渝起了重要作用，她在華爾街闖蕩多年，有著豐富的談判經驗，熟悉美國的金融狀況，能夠有針對性地提出策略。老虎基金獲悉當當網內部鬥爭之後，立刻向李國慶、俞渝表示：如果你們能帶領當當網的管理團隊出去另創一家類似於當當網的公司，老虎基金願將此次投給當當的全部一千一百萬美元轉投給新成立的公司，並且投資金額可以繼續追加。

有了老虎基金的暗中支持，李國慶的腰桿子就硬了。於是二〇〇三年十月二十八日，他發出

「我的感謝以及任期」的E-mail，要向股東攤牌。他甚至告訴股東，已經有人準備投資六百萬美金，並且給他六十%股份創辦新公司，而且當當網的高管以及中層職員會有一半人追隨自己去創辦新公司。

這下老股東們開始有些擔心了。中國的電子商務才剛剛興起，像李國慶這樣真正懂行的人才不多，一旦李國慶、俞渝離職，很難找到合適的經理人才，當當網很可能要垮。何況假如真有人投資李國慶，要不了幾年，他的新公司就會崛起，成為當當的競爭對手。

股權博弈：第二輪風險投資

老虎基金捲進李國慶、俞渝與IDG、LCHG、日本軟銀這些老股東的矛盾後，雙方的分歧逐步走向彌合。老股東明白，憑藉李國慶的專業能力、俞渝的融資和管理能力，他們是可以把自己甩開單幹的。

此後各方的談判進行得很順利，老虎基金希望自己能獲得較多控股。類似老虎基金與卓越的合作，投資七百五十萬美元，獲得二十%的股份，在董事會中占兩席。而IDG、LCHG、軟銀則急於套現，他們放出了部分股權給老虎基金。談判中最尖銳的問題是「管理團隊持多少股份」？

二〇〇三年十二月二十四日，俞渝、IDG、軟銀、LCHG的股東代表，在美國與老虎基金簽署了合作文件。十二月三十一日晚六點半，李國慶、俞渝夫婦搭乘從西雅圖起飛的國際航班飛抵北京，第一時間就向新聞界宣佈成功融資一千一百萬美元的消息。

老虎科技基金對當當的估值為五億元人民幣（當時約合六千萬美元），在投入一千一百萬美元後占當當網十七．五%的股份，但是沒能獲得當當董事會席位。而原股東IDG、軟銀、LCHG的股份均有不同程度稀釋，也包括部分套現，同時保留在董事會的席位。

當當網在成立時的股權結構為李國慶、俞渝夫婦及其創業團隊通過科文公司共持有四十一%的股份，IDG、LCHG、軟銀等風險投資公司共持有五十九%。老虎科技基金注入當當網一千一百萬美元，獲得十七．五%的股份，而IDG、LCHG、軟銀等幾家則減持為二十三%，以李國慶為首的管理團隊的股份變為五十九．五%，由相對控股變為絕對控股。

二〇〇四年二月二十五日，老虎科技基金兌現承諾，將約定的一千一百萬美元匯到當當帳戶上，在扣除三十萬美元的律師費以及換取IDG等老股東所持股份的三百五十萬美元後，當當到帳淨現金尚有七百二十萬美元。對於當當，這次融資可以說是大獲全勝。

這次融資最引人注目的地方是，當當管理團隊的持股不但沒有減少反而增加了，同時老虎基金在投資一千一百萬美元後，居然沒能夠在當當網董事會獲得一席之地。李國慶後來風趣地說，為什麼不讓老虎基金進入董事會？因為他們是資本家，根本就不關心當當的發展，只想賺錢。他們不但投資當當，還投資當當的競爭對手，所以不能讓它進董事會。

當當的這次融資成為一次非常成功的融資案例，此後常常被國內經濟界的人士提起。融資之後，創業團隊的持股不僅沒被稀釋，反而增加了，將公司控制權牢牢抓在自己手中。此前中國企業家在與國際金融資本的較量中常常是大敗，最典型的例子是新浪的創辦人王志東。一九九八年十二月王志東與投資人合夥創辦新浪，二〇〇〇年四月新浪在納斯達克上市；經過多次融資後，王志東的股份被稀釋為僅僅五%，於是在二〇〇一年六月三日戲劇性的一幕出現了。在沒得到王志東同意的情況下，新浪突然宣佈首席執行官王志東離職。事後王志東感覺自己像傻瓜，被董事會欺騙了。

類似王志東這種在與國際資本的較量時中箭落馬的中國企業家很多，而李國慶、俞渝居然能夠大獲全勝，這不能不讓我們驚歎。

在驚歎之餘，我們必須思考為什麼李國慶、俞渝能夠完勝？原因在於，首先，當當網是由李國慶、俞渝一手做起來，三大原始股東一直並未插手經營，對網上書店不熟悉，李國慶以辭職相要脅，正是擊中了股東們的要害，如果李國慶離開了，當當網很可能垮掉，這對投資人是不可接受的；其次，李國慶、俞渝這對夫妻檔可以說是黃金組合，李國慶在國內圖書市場打拼多年，而俞渝在華爾街闖蕩多年，這使得他們很容易在國外拉到風險投資基金，這就有了跟老股東談判的餘地，可以利用新的投資方來制衡老股東。

四、優劣互補　克服瓶頸

物美價廉：淋漓盡致的殺手鐧

網上書店有其獨特的優勢，這是二〇〇〇年前後中國網路書店風起雲湧，一時湧現出兩、三百家，是造成群雄亂戰的直接原因；同時網上書店有其獨特的劣勢，這是幾年之後大多數網上書店關門大吉，偃旗息鼓的直接原因。當當網之所以能夠脫穎而出，就在於它能夠發揚優勢，補足劣勢，所謂「人無我有，人有我優」。

網上書店最大的優勢是成本優勢。在銷售形式上，網上書店與傳統書店迥異，它沒有物理意義上的店面，而是借助電腦技術、網路技術等現代資訊技術及相關設備向讀者展示圖書，這讓網上書店省去了一大筆店租，在北京、上海等大城市的黃金地段，這筆費用是非常高昂的。對此俞渝說：「北京如果你在豪華地段租鋪面的話，每天每平米是八塊四，當當網只是一個網站，它的庫房在北京的遠郊，每天每平米只要三毛五，所以我覺得這是低價非常重要的一個實現手段。」

這個優勢可說是網上書店的殺手鐧之一。對此俞渝曾在多個場合反復強調，有一次她說：「以北京為例，西單是主要商業街，商業面積的費用大概每天每平方米是八．四元，而當當的庫房是在北京五環以外的一個郊區，庫房面積是每天每平米〇．三四五元，當當的成本不到傳統成本的二十分之一，這一塊成本優勢我們變成直接降價，對於顧客來講，降價比廣告更有吸引力。」

如果是開實體書店，必須投資各種設備，外加工作人員，這一筆開支也不小，而網上書店則可以省很多。只要建立一個介面友好的網站，其他的都可以在網上完成。俞渝分析說：「你開一個實體商場，你要有收銀機，這些體系是非常昂貴的。而當當網利用互聯網這種傳播和銷售手段，則成本大為節省。」當當網一度只有三個收銀員。

相對於實體書店的有限容量，網上書店的容量幾乎是無限的，網站可以放海量的圖書資訊。俞渝說：「像家樂福、沃爾瑪等連鎖超市是以不停地開店來擴大規模，但這些傳統商店每一平方米的銷售額是有極限的。而當當已經建成一個完善的網路銷售平臺，能夠永無止境地添加新商品，每一筆新投入都將帶來更為豐厚的回報，而這是傳統商店所無法比擬的。」正是有這個優勢，當當網對外宣稱擁有三十萬種可供銷售的圖書，這在傳統書店是不可想像的。

作為一種全新的圖書行銷模式，對顧客來說，網上書店具有傳統書店所無法比擬的優勢。首先是網上書店的低價位。當當網的圖書一般都打七八折，甚至五六折，平均一本書要比傳統書店便宜八、九塊錢，甚至更多，這對讀者來說無疑是個巨大的誘惑。當前中國圖書市場的怪現狀就是書價居高不下，一本普通的書一般都要二十多元，這嚴重制約了中國人的閱讀熱情，而網上書店正是以低廉的書價為突破口，給中國圖書市場吹來一股新風。

第二，網上書店打破了空間限制，能很好的解決從前「出版社想賣賣不出，讀者想買買不到」的現象。由於網路所具有的開放性，網上書店能夠穿越各種自然的或社會的障礙，直接面向所有讀者，一方面大大擴展了自身的商圈，另一方面使供需雙方資訊交流的廣度、深度、速度有了質的飛躍。出版社賣不出去的書，都可以放到網上來賣；而讀者在書店看不到的書，網上書店很可能有。

對讀者來說，網上書店的第三個優勢是不受傳統書店營業時間的限制，借助網路，網上書店可以一天二十四小時，一年三百六十五天，天天全天候營業，這種不間斷的服務方式對於鞏固和擴大讀者群、培育潛在顧客具有重大意義。對讀者來說，尤其是那些整天忙於工作的上班族，下班後許多傳統書店已經關門了，而這時如果想購書，最優選擇莫過於上網上書店了。

第四，網上書店有更大的可選擇性。如果讀者想找一本既非如《狼圖騰》這樣的暢銷書，也不是如《論語》、《紅樓夢》這樣的長銷書，那麼去新華書店或者其他書店很可能空跑一趟，網上書店很容易就把這個問題解決了。通過網站提供的檢索功能，很容易檢索出哪本書有，哪本書沒有，這極大地方便了讀者。讀者在傳統書店可以拿起一本覺得不錯的書，先翻看，要是覺得好就購買，但是網上書店不行，當當網為了彌補這一點也做了不少努力。俞渝說：「當當一定要做這些動作，把這個資訊豐富起來。我們一個大屋子有幾十個打字和登錄的人，把書的標題、索引、封面都敲到電腦裡、都掃描到電腦裡——謝天謝地，中國勞動力成本還不算貴，找這些人做這些資訊還是能做下來。」這當然增加了網上書店的營運成本。另外當當網也提供書評平臺，利用讀者的評論來增加其他讀者對一本書的直觀感受。

從整個網路的起伏發展來看，俞渝認為，在美國有五十％的餐館在一年後倒閉，剩下的又有五十％在三年後倒閉，傳統行業都有如此多的倒閉現象，更何況網路這樣新而又新的行業。整個新興領域的創業者們都在摸著石頭過河，根本沒有什麼規律可以遵循，有一部分企業被淘汰是很正常的事情。只不過網路企業的投入與產出的週期太快了，這就導致許多人用損益的觀點來衡量它，要求立刻看到效益，這種要求是正常的，但更應該看這個企業的戰略是不是對的，它的發展是不是健康的，它的客戶群有沒有被抓住。如果是，就應該給這些企業一些時間，它們是可以起來的。新經濟之所以新，正是需要一個成長的過程，要求這些新經濟企業停下發展的腳步去馬上獲利，顯然是個極短視的行為。

做當當網，俞渝希望可以解決喊了很多年的買書難的問題。書就是這麼一個品種多、批量低、定價低的小商品，中國圖書平均壽命是三年，美國是五~十年，跟圖書管道不發達有很大關係。出了書也沒人知道，因為傳統出版社、批發商、零售店，都不能為一本書做大規模宣傳，而用網路傳遞的手段，可以改善資訊不流暢、商品壽命短、對社會資源耗費大的缺陷。當當網有二十萬個品種，就是二十萬個視窗，可以救活死書、延長書的壽命，還可以補充實體書店，方便讀者。

當當網從最基礎的工作開始構建未來的網上書店大廈，經過三年的辛苦積累後，已經建成了擁有五十多萬條資料的全國唯一的動態、時時更新的書目資料庫。在當當網上提供二十萬種中文圖書，占國內可供書市場的九十％，並且每天新增加二百種圖書，新增一百種打折書；每天流量約達到七·五萬人次。當當銷售額的月增長速度約為四十％。網上書店和傳統實體書店的最大區別是後者有一千平米，只能放一千平米的貨，一萬平米，只能放二萬個品種，網上書店最重要的是有非常充裕的儲貨空間，這是造成網上書店物美價廉的一個主要原因。

滑鼠水泥：響噹噹的物流

電子商務界普遍認為，在B2C電子商務網站中，產品（商流）、物流、支付（金流）一直是壓在上面的三座大山。其中，產品決定購買人氣，物流佔據高昂成本，而支付則考驗誠實守信。對於當當網這樣的網上書店更是如此。

當當的老師亞馬遜可以與聯邦快遞公司合作，同時通過信用卡付款，輕鬆地解決這些問題。但是在中國，快遞業務和支付、信用業務都還很不成熟，這極大地制約了網上書店的發展。面對這些困難，當當只能一個一個去克服。

對電子商務而言，物流是至關重要的，物流直接關係並影響到電子商務的交易速度、交易量和交易額，可以說沒有物流的電子商務不是完整的電子商務。但是就中國當前物流業的發展水準而言，支持一個正在高速發展中的龐大的電子商務還需要不斷改善。俞渝認為：「當當在配送環節上相對於亞馬遜有較多創新。中國沒有類似UPS、Fedex這樣覆蓋全國乃至全球的物流企業，當當現在的做法是航空、鐵路、城際快遞、當地快遞公司齊上，當當需要和二十多個運輸企業、四十多個快遞公司進行業務合作。儘管管理和協調的難度增加，但卻解決了最短時間內送貨上門的問題。」

當當的物流配送體系是先建立幾個處在中心城市的物流中心，然後以點帶面，覆蓋更廣泛的地區。這可以說是一個「三步走」的物流體系，從物流中心發貨是第一步，第二步是通過鐵路、航空運抵中小城市，第三步由當地的快遞公司完成送貨上門和支付結算。

這種模式被當當稱為「滑鼠+水泥的營運模式」，即在消費者享受「滑鼠輕輕一點，精品盡在眼前」的背後，是當當網耗時九年修建的「水泥支持」——龐大的物流體系，倉庫中心分佈在北京、華東和華南，覆蓋全國範圍。

當當成立之初就在北京租用倉庫，作為完成同城業務的物流中心。二〇〇三年在上海、深圳建立物流中心，二〇〇四年當當在拿到老虎基金的一千一百萬美元後，就開始擴建位於北京、上海、廣州的倉儲中心，二〇〇八年還傳出當當準備在西南地區的中心大城市重慶建立物流中心的計畫。

二〇〇七年五一期間，當當網啟用位於北京南五環的新物流中心，新物流中心占地面積達四萬平方米，可容納更多商品。新物流中心在硬體上有很大的提升，商品破損髒汙的現象大大減少；新物流中心在軟體上也加大了投入，在提高物流中心運作能力的同時，最大程度降低了配送錯誤率，使配送錯誤率減少一半以上。

在中心城市建立起物流中心後，接下來就是面臨貨物配送問題。與卓越網自建配送隊伍不同，當當採用跟第三方物流合作的辦法，當當網將所有送貨業務外包給全國四、五十家第三方物流公司。俞渝說：「這些物流公司的確沒有全國覆蓋能力，這就需要我們的物流管理體系跟他們對接得很好。在貨物離開當當的庫房之前，物流公司就已經對送貨所需要的全部資訊很清楚了。」

二〇〇七年九月二十三日，當當網在北京總部召開全國運輸配送合作夥伴交流會，全國總共有九十幾個供應商參加了此次會議。憑藉優質的配送服務，特能中國榮獲當當網頒發的「最佳配送合作夥伴」一等獎。在配送品質上，特能中國獲得多項第一，如，二十四小時妥投率：八十%；七十二小時完成率：一百%；月成功率九十五%以上；投訴率小於〇．五%等。另外，特能中國的投訴處理、送貨時間回應、回款率等方面，都超標準的達到了當當的要求。

從二〇〇二年開始通過與當當的合作，成立於一九九六年上海特能中國公司的業務有了很大的發展。到二〇〇八年底，特能中國擁有包括北京、南京、武漢、杭州、蘇州、廣州、深圳等二十一個子公司，初步形成了覆蓋全國的業務網路。對於這個衍生出來的合作夥伴，俞渝感到很欣慰，很有成就感，她曾說：「當當成長的同時，他們也在成長。」確實，一個良性的產業鏈，就是這樣互相助力，互相推動的。

在與物流公司交接好之後，接下來就是送貨上門，完成交易。為了保證貨物安全送達，當當安排了一大批人在北京、上海等大城市裡用單車送貨。這些「單車少男」每天完成大約十五～二十份訂單，將包裹送至客戶的家中或辦公室。如果是貨到付款的還要代為收錢，然後由快遞公司集中轉交回當當網。

單車物流這個點子出自李國慶。他發現，既要控制同城的物流成本，又要在短時間內將貨品送到，單車物流是個不錯的選擇，單車物流既靈活機動，又充分利用了中國勞動力價格低廉的特點。於是，當當網便在同一個城市，找到幾家自行車快遞公司進行合作。

當當網為保證貨物能準確無誤地送到客戶手中，要求每個快遞公司和快遞員交納一定的押金，而後才將送貨任務交給他們。快遞公司要獲得當當的生意，首先必須提供金額大約是三天收入的保證金，數目在六千～一萬二千元之間。俞渝說：「如果他們少收一筆費用，我們就從中扣減。」經過一段時間的摸索，這些騎自行車送貨的快遞員結合地鐵，發明出了一套急件的快遞物流。快遞公司拿到急件後，由騎自行車的快遞員送到地鐵站，送貨人員直接把商品交給負責坐地鐵送貨的夥伴，這個人一整天不出站，坐著地鐵到處送貨，到站後，再交給另一個騎自行車的快遞員，送到客戶家裡。在北京，當當網靠著單車物流實現了四小時送貨到家的服務。

當然單車物流有時也會遇到一些麻煩，有的顧客預定的送貨地點是他們的辦公室，而在北京、上海等地這些高檔的辦公樓都實行出入登記制度，不允許與公司無關的人員進出。遇到這種情況，送貨的工作人員常常要一邊等待，一邊打電話催，有時碰到顧客正好有事甚至要等候一小時。

當然這樣一個力求快速高效的物流配送體系也並不是無懈可擊的，在網上還是有不少對當當送貨不及時的抱怨。例如有位網友結合自己在當當購物的不愉快體驗，在博客上發文「當當網用第三方物流就能解決它的問題嗎？」，這位顯然長期使用當當購物的網友認為，雖然使用第三方物流可以節省成本，但是很容易忽視用戶體驗，造成不良影響，他還提議當當應該在每個大城市的大學區建立配送點，從而培養未來的網上購物用戶。

類似這位網友提到的在當當訂貨後沒有按時送達的現象並不是特例，也正像他所分析的，這種情況多數出現在第三方快遞公司身上。一些快遞公司出於成本考量，配送工作站分佈不到位，又或者快遞公司的員工素質不高，這些都影響了當當的用戶購物體驗。這也是當當必須繼續改進的地方。

貨到付款：解決支付瓶頸

做生意的目的就是賺錢，而電子商務比普通商業多了一層問題，就是如何進行貨款結算。由於電子商務的交易行為都是在網路上進行的，交易雙方並不能實現一手交錢、一手交貨，這就很容易出現問題。在淘寶網發生過多起影響較大的詐騙案，就是利用了電子商務在支付上的漏洞。

最早，李國慶、俞渝做當當網首先要面對的是支付問題。對當當網的老師亞馬遜來說，支付問題根本就不存在，在美國使用信用卡來結算非常廣泛，很輕易就能解決支付問題，但是對中國這樣崇尚現金交易的國家，使用信用卡的範圍有限。當當在成立之初，仿照美國經驗，有一段時間曾經很努力地推動網上支付，為使用信用卡的客戶提供優惠券和信用點。

二〇〇一年九月底，當當網與首都資訊發展股份有限公司和招商銀行宣佈結成策略聯盟，共同投入一百萬人民幣，獎勵消費者在當當網購物時選擇首信的網上支付平臺和招行一卡通付款。根據三方的協定，在二〇〇一年九月二十七日至十一月二十七日的兩個月期間，凡在當當網購物的消費者，只要選擇首信的網上支付平臺通過長城卡、牡丹卡、龍卡、東方卡、招商一網通等銀行卡付款，每次購物都可即時獲得五元人民幣的優惠獎勵，如果客戶在使用這些銀行卡付款的同時選用郵局平郵發貨，則可另外獲得五元人民幣的當當抵金券。

俞渝認為：「隨著中國互聯網用戶數量的高速增長，越來越多的網民開始體驗到了網上購物給他們帶來的方便和實惠。然而由於許多網民對網上支付的方式還不夠熟悉，使得消費者中使用網上支付的人只占少數。當當此次與首信和招行斥鉅資合作，就是為鼓勵廣大消費者嘗試網上購物、網上支付這一安全、便捷、時尚的現代消費方式。」

雖然當當網努力去推動網上結算，提出具體的鼓勵措施，但效果還是不明顯，中國的消費者還是習慣「一手交錢，一手交貨」的傳統交易原則。後來當當決定不再依賴使用信用卡來結算，將更多的精力集中在鼓勵有購買意向的客戶用現金支付，甚至是更傳統的「貨到付款」。俞渝認為這相對亞馬遜的用信用卡結帳是一種創新，她說：「中國是現金交易的大國，在網上信用卡支付還不普及的情況下，貨到付款，並且最終由遞送員將貨款交給快遞公司，再匯至當當的帳戶上，成為適應現實的良性運轉模式。」

當當網的貨到付款是由負責物流配送的第三方物流公司代收款完成的，當當網要求每個快遞公司和快遞員交納一定的押金，而後才將送貨任務交給他們。快遞公司要獲得當當的訂單，事先必須提供金額大約是三天收入的保證金，數目在六千～一萬二千元之間，而這些快遞公司又把壓力轉嫁給從事物流工作的快遞員，快遞員必須在公司留下一定的押金，一般是一個月的工資，這使得快遞員不會輕易攜款逃跑。

透過這種方法，當當網很好地實現了貨到付款，顧客在當當網下訂單，然後等幾天之後貨物送到，再把貨款交給負責送貨的快遞員。這種貨到付款的方式，從當當網成立之初就非常受顧客歡迎，伴隨著當當網業務的發展，用戶可以在三百多個城市實行貨到付款的線下支付。一直到二〇〇九年，當當網的其他支付方式發展比較成熟之後，使用貨到付款的用戶依然占到七十％。

貨到付款對顧客來講是最安全的，但是給當當網自身帶來了成本增加的難題，使得拓展貨到付款城市的速度受到影響。因此在長期使用貨到付款完成交易的同時，當當網也支持傳統的郵局匯款和銀行匯款，這兩種方法雖然比較安全，但是對顧客非常不便利。顧客為了網上購物，必須專門跑一趟銀行或者郵局，如果碰上業務忙，又得等一段時間，這幾乎完全抵消了網上購物的便捷，所以對顧客來說，郵局匯款和銀行匯款只能是偶爾情況下使用，不可能推廣開來。因此對於解決電子商務支付問題最有發展潛力的仍是網上支付，當當網一直把希望寄託於網上支付，俞渝說：「初衷當然是希望培養用戶採用網上支付工具和信用卡進行支付的習慣。」

對電子商務來說，其所遭遇的支付難題主要包括安全問題、快捷便利問題。網上支付雖然能夠很好地解決快捷問題，但由於網路上駭客潛伏、病毒氾濫，給網上支付用戶的帳戶資訊安全帶來巨大威脅。一旦用戶在上網過程中帳號和密碼被盜，即使銀行卡在自己手上，帳戶上的錢也隨時可能被人盜走。

隨著資訊安全技術的發展，網上銀行越來越安全。當當網與工商銀行、招商銀行、建設銀行、深圳發展銀行建立了合作關係，用戶可以使用這些銀行推出的信用卡進行線上支付。

二〇〇七年十二月底，當當網與深圳發展銀行合作推出聯名信用卡「深發展當當卡」，這是國內首張網上商城聯名信用卡，可以實現用戶在當當網上刷卡消費。「深發展當當卡」是銀聯標準信用卡，具備深發展信用卡的基本功能和服務。此次當當網與深發展的聯合，拒絕了第三方支付工具，完全複製線下直接、簡單的交易模式，而且持卡人消費滿一定金額後即可獲得一%的刷卡消費回饋，並可以用於折扣在當當網內的消費金額；此外，持卡人在當當網消費享有當當網VIP會員購物折上折優惠，而且消費至規定次數還可減免運費。俞渝表示：「『深發展當當卡』的推出是當當網線上支付手段的又一次創新，進一步豐富了網上支付的方式。相信這一支付工具將為上千萬當當網用戶網上購物提供更便利的服務，並吸引更多的潛在消費者到當當網來享受網上購物的樂趣。」

要解決網上支付問題，銀行當然是必不可少的依靠，但是單靠銀行並不能夠完全解決，這還有賴於第三方支付公司的發展。在美國第三方支付公司發展很早，一九九八年底PayPal公司成立，二〇〇二年被eBay以十五億美元收購，二〇〇五年PayPal進入中國，然而卻遇到馬雲阿里巴巴公司旗下的支付寶的頑強阻擊。

早在二〇〇四年十一月，為了拓展海外業務，當當網就在其線上支付平臺上開通了PayPal即時到款業務。這是國內購物網站首次開通此業務，此舉也讓當當網在海外業務拓展及購物國際化的方向上又大大領先了一步。PayPal 線上支付及即時到款功能，是當當網專門為非大陸地區用戶提供的安全、方便、快捷的信用卡支付手段，包括港、澳、台、北美、歐洲及其他海外地區，用戶只要用任何「萬事達卡」和「Visa卡」，均可通過PayPal與當當網帳戶進行即時對接，可以做到「即刻付款即刻到帳」，極大地方便了海外用戶，突破了目前國際信用卡國內支付的技術瓶頸！二〇〇五年當當網與快錢公司合作搭建網上支付平臺。

在網上支付和第三方支付公司之外，當當網通過電子帳單和刷卡電話為當當網用戶提供「線上消費、線下刷卡」支付服務。二〇〇六年七月，當當網與中國銀聯達成協定，建立全面戰略合作夥伴關係，同時，當當網全面接入中國銀聯和中國電信最新推出的「固網支付」業務平臺，使購物者能夠通過專門的刷卡電話來進行帳單支付。為此中國銀聯已經在北京、上海、深圳等主要城市開通了二萬部刷卡電話，用戶可以憑支付帳單在刷卡電話上自助刷卡，主動完成支付。這種可以刷卡的電話與普通電話最大的區別是在電話機右側有一個可以刷卡的磁區。如果用戶需要進行電話刷卡，需要先開通此項服務。

繼二〇〇三年當當網與YeePay易寶合作，YeePay易寶提供的線上支付平臺幫助當當購物廣場的用戶直通二十一家銀行的線上支付系統後，二〇〇六年十一月，當當網與YeePay易寶再度聯手，由YeePay易寶獨家為當當購物廣場提供離線電子支付解決方案，由YeePay易寶首創的電話支付實現了離線式電子支付，消費者通過網路或電話下單後，即可撥通電話銀行特服號，根據語音提示完成支付。當當之所以在眾多第三方支付公司中選擇YeePay易寶，是因為YeePay易寶是國內率先將線上、線下支付業務集合於同一平臺的電子支付服務商，電話、手機、網路全方位接入，支援隨時隨地支付，這種一站式的服務給了消費者更多的選擇，讓他們真正體驗到電子商務的方便、快捷和樂趣。電子支付使交易更加順暢，節約了商家和用戶雙方的時間和精力，與當當網強大的資訊流和物流一起，形成了一個良性的商業服務鏈。

在當當網成立的這十年中，雖然貨到付款的結算模式一直占主導，但是未來網上支付會越來越重要。二〇〇八年九月一日，俞渝在接受騰訊科技「中國一百位互聯網CEO全景調查」時說：「當當網現在支持包括貨到付款、網上支付、郵局匯款在內的七種支付方式，我們很多的年輕用戶都比較喜歡網上支付等新興的支付方式，因為年輕人對新事物的接受能力很強，而且這部分人是具備較高文化水準的用戶，他們對網上支付的安全性有比較多的瞭解。我相信隨著這部分人群年齡增長，以及新一批年輕用戶的湧現，會有更多的人接受新興的支付方式。」

全心服務：提升用戶購物體驗

亞馬遜總裁貝索斯一直強調以顧客為中心，他說：「亞馬遜可能是有史以來最以顧客為念的公司。利潤就像是維持生命的血液，但人不會為了血液而生活。亞馬遜公司的競爭策略，是將心放在顧客身上，而不是放在競爭對手身上。」貝索斯深深地明白，在網路上，如果顧客覺得受到了冷落，那他告訴的不是五個人，而會是五千個人。這種巨大的傳播效應，能夠決定一家公司的生死。因此貝索斯視聲譽為生命，亞馬遜在滿足顧客需求方面常常是不惜一切代價，這也讓亞馬遜贏得了眾多消費者的青睞。

立志做「中國亞馬遜」的當當網，從成立以來一直在為提升用戶的購物體驗而努力。俞渝曾經說過：「所有公司都在重複著相同的話：顧客就是上帝，但大多數公司並沒有真正重視顧客。」當當網全力去滿足用戶的需求，去提升用戶的購物體驗，這首先體現在當當網令消費者驚豔的低價位。

在當當網購書，往往是六折、七折，甚至是三折、四折，這在傳統書店是不可能的，而書價居高不下，也妨礙了國人閱讀熱情的進一步提高。當當網充分運用網路售書的優勢，將高昂的書價下調到儘量低廉，為顧客創造了優良的閱讀環境。對讀者來說，在當當網買書顯然比在新華書店要划算很多；其次當當網非常重視提高服務品質。一九九九年中國有兩、三百家網上書店，幾年之後，基本上是大浪淘沙，所剩無幾了。這種情況下，當當在激烈的市場競爭中生存下來了，更成為無數網民耳熟能詳的「品牌」，這與當當不斷提高服務品質是分不開的。當當成立以來不斷優化購物步驟，改變了原來繁瑣的模式，每一步都有非常清楚的提示，使購物便捷輕鬆。當當網也很注意及時與用戶溝通，用戶在購物過程中遇到任何不滿意的地方，都可以通過電話向當當網總台詢問，當當網有問必答，儘快解決，儘量讓用戶滿意。

為了給更多顧客帶來方便，享受足不出戶的購物便利，當當網不斷拓展貨到付款的地區，從原來只有北京一個城市，發展到覆蓋北京、上海、廣州、深圳、天津、南京、杭州、瀋陽、福州等多個中心大城市，然後又逐步擴展到二、三線城市。當當的顧客遍及全球五十多個國家和地區，真的是把書店開到了無限的境界。同時當當網斥鉅資建立物流中心，提高物流配送的速度與品質，儘量縮短顧客從下單到商品送達的時間，滿足顧客希望儘快收到商品的購物心理。

由於有以前做「中國可供書目」的專業優勢，李國慶在商品的分類上一直勝人一籌，當當音像店、法律書店等專業店一個個開業，標誌著其專業化、綜合化水準的提高。為了讓顧客享受一站式購物服務，當當網從二〇〇五年起開始拓展百貨業務，向全球最大的中文網上商城邁進。當當網不僅銷售書籍及音像製品，同時也銷售數位產品、化妝品、奶粉等各種商品。在增加商品種類的同時，為了讓顧客得到更加個性化的服務，當當還推出了VIP顧客答謝制度，只要成為當當的VIP顧客，就能享受當當購物折上折的優惠，還有機會得到其他更多的加值服務。

當當網提升用戶購物體驗的另一表現就是強調以誠信創立品牌。當當網注重誠信，避免讓消費者在當當購物後有被欺騙的感覺。在當當網所售商品中，書籍、音像製品標準化程度很高，當當網承諾，如果發現商品有品質問題，那麼自顧客收到商品之日起七日內當當網將提供全款退貨的服務。這個承諾保護了消費者的權益，也體現出當當網的信譽。

當當網為樹立品牌效應，極力向廣大消費者表明當當網所有商品均為正品。二〇〇五年底，當當網曾經承諾，當當網銷售的化妝品均為名牌正品，消費者可以放心選購，顧客如發現在當當網購買的化妝品中有假貨，將執行「假一賠十」的政策。後來當當網把「假一賠十」的政策調整為「假一賠二」，並擴大到所有商品，對此當當網的解釋是：如果您認為購買的商品是假貨，並能提供國家相關質檢機構的證明，在當當收到您的退貨並確認後，當當會返還您全額的商品貨款，同時再以禮券形式返還給您一倍的商品金額。

當當網著力提升用戶體驗還有很多具體而生動的例子，最典型的是二〇〇五年銷售哈利波特系列之六《哈利波特與混血王子》的例子。由於人民文學出版社的限價要求，當當網開始是以

四十六．四元的價格進行銷售，後來打破了限價，以五折二十九．九元的價格銷售，而此時已經賣出了快兩萬本，為了不讓這部分高價購書的用戶覺得上當受騙，當當網果斷地宣佈退還這些以四十六．四元價格購書的讀者的差額。另一件值得一提的是二〇〇五年七月二十一日下午五點左右，當當網數位頻道因工作人員操作失誤，將原價為三千六百八十元的索愛K750C手機的價格誤標為一千五百二十元，在不到兩小時內共有二十餘個客戶下單訂購該商品。由於短時間內迅速增長的訂單，工作人員發現了問題，那怎麼辦呢？事發後，當當網本著誠信、負責的態度，按照頁面顯示的超低價格將庫存的五部索愛手機全部發貨，優先滿足了最先下單的五名客戶，損失了一萬元，其餘訂單因庫存售罄而轉為缺貨訂單處理，隨後當當網向其餘訂購該商品的顧客發出了缺貨告知函，並通過客服人員與上述那些下單的客戶進行溝通，表達歉意。

為了提升客戶體驗，當當網成立了顧客委員會，當選顧客委員會委員的客戶都是當當網的用戶，顧客委員會首先要具有地區的代表性，有北京、上海的，也要有全國各地的，另外有職業代表性，有學生、白領，也有離退休人員。這些委員會定時和當當的客戶部門溝通，向當當反映最近的郵件是否按時發出、貨物是否完好無損、收到貨物時配送人員是否準備了零錢、貨物是否乾淨等。當當推出了什麼新政策也會和他們溝通，同時這些委員也幫助當當網監督承運商、服務商是否做到了當當對他們的要求。通過這樣的方法，當當網把為顧客服務過程中可能遇到的問題一一收集起來，然後逐個去解決。這種有針對性的方法，很快改善了客戶在當當網的購物體驗。

俞渝說，最大的壓力是客戶發展，公司能不能跟上網民的增長，如果網民每月增長二十％，當當的業務就不能只增長十％，而且網民增長之後，組成也發生了變化，開始上網的人是網蟲，現在已經是新的一批人，這批人需要什麼，是值得認真討論的事情，怎麼為這些人提供更好的服務，才是真正的壓力。

第三章

大浪淘沙：弱肉強食、適者生存

二○○○年前後，中國湧現出兩、三百家網上書店，經過幾年的大浪淘沙，只剩下當當網、卓越網等少數幾家存活下來，且時刻都呈現出來「明爭暗鬥、劍拔弩張」的競爭場面，充分顯示出商戰「弱肉強食、適者生存」的叢林規則。當當網能從中勝出，可見經歷了多少「腥風血雨、刀山火海」的洗禮，自然當當網在這樣的市場環境裡，也練就一身「銅頭鐵臂、刀槍不入」的硬功夫。在與卓越網為代表的眾多強悍對手的爭霸裡，當當網最終用實力證明了自己才是「叢林之王」！

一、問鼎中原　誰主沉浮

拒絕亞馬遜：十億也不賣！

二〇〇三年八月二十四日，全球著名財經媒體英國《經濟學家》雜誌在最新一期發表了對當當網的封面報導「當當網在中國成功複製亞馬遜」。這篇報導以俞渝的經歷為切入點，盛讚當當網是「中國亞馬遜」，稱其正在創造一個華人電子商務的奇蹟。

幾天之後在西雅圖，這份雜誌很快就經由亞馬遜公司董事、華爾街著名投資人之手放在了亞馬遜公司CEO貝索斯的面前，貝索斯仔細閱讀之後，認識到中國的電子商務市場是一塊有待開墾的新大陸。

經過慎重考慮，貝索斯決定將原定二〇〇六年進入中國市場的計畫提前到二〇〇四年。在對當當進行了不公開的詳細調查後，亞馬遜高層決定邀請當當高層訪問總部。

為回應亞馬遜的邀請，當當方面隨後就制訂了代號為「紅寶書行動」的計畫，並於二〇〇三年十二月借到美國與老虎基金總部談判第二輪風險投資事宜的機會，當當網聯合總裁李國慶、俞渝等一行四人秘訪位於西雅圖的亞馬遜總部，並進行了為期三天的會談。

到了二〇〇四年一月，亞馬遜以負責戰略投資的高級副總裁達克為首的五人代表團回訪，參觀了當當的IT營運系統和庫房。兩個月後，亞馬遜公司再次派達克造訪當當網，並提出簡明乾脆的收購建議，準備絕對控股當當，他們提出了估值一．五億美元、收購七十～九十％股份的具體方案，並承諾在收購之後，當當網的品牌和管理團隊將保持不變。

如果亞馬遜成功收購當當，這將成為繼eBay收購易趣、雅虎收購3721之後，中國網路界又一筆超億美元的國際資本運作。面對誘惑，當當網的股東、管理團隊和投資顧問經過仔細權衡，提出了應對方案：只歡迎亞馬遜作為策略投資人進入，做當當網的少數股東。俞渝認為，當當網闖過了中國網路的寒冬，並培養起了大批有效的目標消費群，在中國快速增長的網上零售市場上占得了先機，這個價值是不可以用錢來衡量的。所以當當網只歡迎策略投資，不希望被大資本控制。

對於當當網的立場，亞馬遜方面當即回應：如果對價格不滿意，那麼一億到十億美元之間都可以談，但七十％以上的絕對控股要求不變，並催促李國慶、俞渝儘快決定，甚至在返國登機之前，達克再次給俞渝打電話，希望在他們回到西雅圖之前得到肯定的答覆。

由於亞馬遜堅持絕對控股，而當當只接受戰略性投資，從二〇〇四年三月到七月，雙方多次協商不成。八月六日，當當對外宣佈終止與亞馬遜併購談判的消息，稱拒絕了亞馬遜一．五億美元的收購要求，當當網準備將海外獨立上市計畫提前到二〇〇五年。

李國慶對新聞界宣稱，亞馬遜給當當的估價是一．五億美元，但這並不高。國內網上購物方興未艾，市場前景非常遠大，短期利益對當當來說並不是最重要的，一．五億美元實際上低估了當當的市場價值。再發展兩、三年，當當網年銷售額達到十億人民幣的規模，那時市值至少將達到五億美元。

俞渝在總結此次拒絕亞馬遜收購時認為：「被亞馬遜這樣的國際大公司全盤收購存在著很高的風險，外國公司進入中國往往水土不服，而且大公司管理上慣有的一些毛病，很可能會遏制當當網的發展勢頭。以往有很多國外大公司與中國企業間的併購案並不成功，像聯想與AOL、方正與Yahoo等。如果過早地成為亞馬遜在中國的分部，當當網很有可能會喪失創新的能力和激情。」

一石激起千層浪。當當拒絕亞馬遜一．五億美元的併購要求，引發了中國網路界、電子商務界的熱議，多數輿論都為當當毅然拒絕亞馬遜併購的行為叫好，同時也為當當的未來擔心，當當能競爭得過財大氣粗的亞馬遜嗎？也有部分業內人士認為，當當應該賣，早拿錢，早套現，一．五億美元不是一個小數目。

在為當當叫好的同時，外界普遍對當當網能抗拒一．五億美元的誘惑很不解。當當的創始人李國慶、俞渝對當當很有感情，或許捨不得賣當當，但是對投資人來說，追求收益是他們的核心目標，股份能以高價套現，原始投資就能拿到收益。以一．五億美元的價格出售，對於當當的投資人IDG、老虎基金、軟銀、LCHG來說是收穫頗豐的，尤其是老虎基金，在年初剛以一千一百萬美元入股當當，如果此時套現，就能獲得接近兩倍的收益，何樂而不為呢？

事後，當當網董事會成員、IDG公司風險投資總裁周全表示：「亞馬遜沒有成功收購當當，一方面是價格因素，另一方面是股權方面的因素，同時還有其他原因。當然，如果價格合適的話，我們是願意出讓股份的。」李國慶也說，「亞馬遜一上來就要收購我們七十％的股份，而我堅持最多四十九％。單一股東當然能夠更好地統一思想和策略，但是這次收購牽涉到絕對控股權的問題，管理團隊在收購完成後將成為弱勢，而這和我跟俞渝此前強調的管理團隊要掌握控股權的想法不一致。」俞渝也曾多次表示，拒絕亞馬遜是因為不願被國際大資本控制，還是想自己獨立發展。

亞馬遜收購當當失敗，主要還是李國慶、俞渝不願放棄對當當的控制權。經歷第二輪風險投資之後，李國慶、俞渝在當當網所占的股份進一步提高，他們在董事會說話的分量就更重了。他們曾說：「當當是我們的孩子」。李國慶、俞渝相識於紐約，五個月閃婚後就開始籌畫建立網上書店，可以說當當網就是他們愛情的結晶，要他們放棄自己的心血，無疑是痛苦的。

雖然亞馬遜承諾在收購當當後管理團隊不變，但誰又能保證亞馬遜不過河拆橋呢？全世界的公司併購案中，大部分投資方都會逐步把原創業團隊清除出公司。事實也正是如此，亞馬遜在收購卓越網後，就開始對公司進行換血，連副總裁陳年也被迫離職。李國慶後來說：「如果亞馬遜持有當當五十％以上的股份，當當的結局也會跟卓越一樣，本土化的管理團隊與本土化的商業模式會被顛覆重新再來。儘管本土化的管理團隊更高效，更熟悉本地市場，但他們不會信任我們的。」

收購卓越網：亞馬遜的第七站

卓越網原來屬於金山公司旗下的一個部門，二〇〇〇年一月從金山公司分拆獨立，同年五月金山和聯想共同投資成立卓越公司，聯想出資六百萬元，占三十%的股份，金山原有的資源作價占七十%的股份，雷軍任董事長，公司定位於中國B2C電子商務業務，經過幾年的發展，卓越網迅速成長為國內極具影響力和輻射力的電子商務網站。卓越網主營音像、圖書、軟體、遊戲、禮品等流行時尚文化產品，與當當網形成強勁的競爭關係。當當網與卓越網長期相互對抗，雙方的價格戰、口水戰一輪接一輪，戰況有時極為慘烈。

二〇〇四年八月，兩家網站經歷了同樣的冰與火的煎熬，卻走上了不同的道路。當當網拒絕了亞馬遜的併購計畫，堅持要走自主發展的道路，而卓越網則接受了亞馬遜的「招安」，放棄了從前一再宣稱要做「中國亞馬遜」的動人理想。

二〇〇四年二月，卓越網開始其創業以來的第四輪融資。B2C全球盟主亞馬遜是意向之一，因其財力和經驗都雄厚、對中國也感興趣。亞馬遜在二〇〇四年二月和三月來中國兩趟，第一次分別拜會卓越網和當當網，第二次只找了卓越網。

第一次是二月十五日。亞馬遜派出以高級副總裁達克為首的一行五人於二月十五日晚到北京，當晚拜會柳傳志。第二天上午，他們參觀了聯想公司，並與聯想、金山高層進行交流。金山對此很重視，由金山總裁兼卓越網董事長雷軍親自出馬，指導接待準備工作：門前樹起了「

Welcome Amazon」（歡迎亞馬遜）的牌子，樓道也鋪上了紅地毯。第三天，達克一行對卓越網進行實地考察，考察了卓越網正在擴建的呼叫中心和物流中心，考察結束後，亞馬遜代表團還和卓越網的領導層召開了長達三小時的秘密會談。

在會談中有個小插曲，雷軍和陳年做了六十頁簡報介紹卓越網的推廣方式。自以為準備充分，但亞馬遜沒聽幾頁就打斷他們說，幾年前亞馬遜就已經停止這種傳統的方式，而是採用了網站聯盟的推廣方式，約有九十八萬個網站幫亞馬遜推廣產品。

由於與當當網沒談攏。二〇〇四年三月，達克一行再次來中國，但這次只找了卓越網。

在亞馬遜與卓越網的談判中，一開始討論三種合作模式。第一，亞馬遜持小股，像Google注資百度。但這種方式亞馬遜通不過，他們看準了中國市場，一定要強力介入，不留餘地。

第二，亞馬遜持大股，像IAC控股E龍。而這種卓越通不過。雙方資本實力太懸殊了，如果亞馬遜要增資，再投入一億美金，金山和聯想跟還是不跟？跟不起，那就只能被擠出局。而即使亞馬遜不採取更多動作，金山、聯想又如何套現退出呢？亞馬遜沒有再次上市的打算。

第三，全資收購，像雅虎買3721，eBay收購易趣。卓越方面認識到既然遲早要被擠或者套牢，那不如現在就放棄，就是第三種模式，全資併購。

二〇〇四年四月，進入實質的討論，卓越網收到亞馬遜和幾家風險投資公司的合作意向書。五月，卓越網董事會開始激烈爭論，包括金山、聯想、老虎基金和個人投資者。金山、聯想、老虎基金是純粹站在資本立場的，如何套現、會不會被套牢，是資本決策的第一準則。第一大股東金山已經沒有足夠能力來繼續支撐卓越網發展需要的大把資金。

二〇〇四年五月底，董事會決定接受亞馬遜的併購計畫。開始按照亞馬遜「大而全」的模式對公司進行改革，卓越網在圖書音像業務以外，首次推出百貨頻道，首次在國內同行中向網上顧客提供像香皂、牙膏等日用百貨。

二〇〇四年八月十九日，亞馬遜與卓越正式簽約，以七千五百萬美元全資收購卓越，卓越的股東金山、聯想、老虎基金的投資都得到了套現。按照二〇〇三年接受老虎科技基金投資時卓越公佈的資料：金山原始投資一千四百萬元、聯想原始投資六百萬元、老虎基金投資五千二百萬元，自然人股東投資二千五百萬元，此次七千五百萬美元的收購，金山套現約三億元人民幣、聯想投資套現約一．二億元，老虎基金套現一．二億元，其餘六千多萬元為自然人股東和高管套現，這是一個皆大歡喜的結局，尤其是老虎基金，一年前的二〇〇三年十月，老虎基金剛向卓越網投資七百五十萬美元，成為了卓越網的第三大股東，占二十%左右的股份，結果一年不到資本就得以套現，獲得一倍的收益。

卓越網成為亞馬遜的第七個全球站點。亞馬遜通過卓越網進入中國，使它有機會為中國的上億網路用戶提供服務。亞馬遜創始人，首席執行官貝索斯表示：「我們非常高興能夠通過卓越網進入中國市場，卓越網在相當短的時間內已發展成為中國圖書音像製品網上零售的領先者，我們非常高興能參與中國這一全球最具活力的市場。」

亞馬遜收購卓越網後，按照雙方協議，卓越網現有管理層不變，日常業務仍將由現任總裁林水星和副總裁陳年打理，亞馬遜也會派部分員工加入到卓越網工作。而卓越創始人、董事長及最大股東金山控股有限公司負責人雷軍則將在這年第三季度內卸任卓越網董事長一職。

在亞馬遜收購卓越網的過程中，李國慶起了推波助瀾的作用。李國慶後來回憶說：「當時，我決定不賣噹噹後，就和雷軍說，你趕緊『跑』吧，不過在賣卓越的過程中一定要頂住了，『往狠了要』，多賣亞馬遜點錢，結果最後亞馬遜拍了七千五百萬美金才『拿』下了卓越。」李國慶這麼做可謂一舉兩得，「當時攛掇雷軍多要錢也是為了我自己考慮，畢竟亞馬遜在收購卓越時出的『血』多了，在以後的二次投入中就會謹慎、小氣得多，那樣在以後與卓越網的競爭中，我也會舒服不少。」

亞馬遜來了：噹噹何去何從

卓越被亞馬遜收購後，各方議論紛紛。十幾天之前，噹噹網剛剛拒絕亞馬遜的一．五億美金誘惑，而現在卓越網卻倒在了七千五百萬美金的糖衣炮彈下。

社科院網路發展研究中心主任呂本富認為，卓越網被賤賣了。卓越網作為中國電子商務的第一品牌，估價應在一億美元以上，周鴻禕的3721公司靠搜索概念以超過一億美元的代價賣給了雅虎，他估計卓越網賤賣與電子商務在中國不溫不火有一定關係。

原8848的總裁老榕（王峻濤）在自己的部落格上發表了隨感文章，感歎卓越被亞馬遜收購：

再見，卓越；歡迎，亞馬遜

七千五百萬美元，amazon市場價值（按照二〇〇四年八月十九日計算，下同）一百六十一億美元的千分之四．六；盛大市場價值十四．一九億美元的五％；騰訊IPO時候市場價值（大約八億美金）的九．三％。

二千五百個它等於amazon，二十個它才等於一個盛大，十一個它等於騰訊。就這樣，我們無限懷念地，再見了，中國的卓越。其實我從來沒有和包括陳年老師在內的卓越任何人有過正面的任何論戰，你在媒體上如果看到那樣的故事，我告訴你，那是記者的蒙太奇。我到現在都還清楚地記得，那個夏天的夜晚，雷軍坐在友誼宮外面的噴泉旁邊，說他有個計畫，要做中國的amazon。那一天，很讓人興奮。多少年來，我懷著那麼多的尊敬和期待，注視著卓越。

再見，卓越，相信你會更好。

歡迎，亞馬遜。你終於來了。

人稱「中國電子商務教父」的王峻濤這段感言，在哀歎卓越，同時又在宣告一個電子商務的新時代就要來臨：亞馬遜，你終於來了。

亞馬遜來了，當當網還有機會嗎？

亞馬遜的到來，無疑是對當當網的嚴峻挑戰。對此，李國慶表示樂觀，他不認為亞馬遜的到來會對當當形成致命威脅。李國慶說：「『攊攤不怕紮堆兒』，大家一起炒熱網路購物，這個市場發展得會更快。當當網熱烈歡迎亞馬遜來中國並肩作戰，共同開發和耕耘這個快速增長的新興市場，當然競爭在所難免。」

李國慶幽默地說，當當網已經為亞馬遜準備好了「見面大禮」，年底之前中文圖書和音像品種至少要翻一倍，而且還將發動更猛烈的降價活動。此外，當當網在上海和廣州建立的倉庫即將投入營運，當當網要加速佈局華東和華南了。

當當網與卓越網，同樣面對亞馬遜，表現卻截然不同，一拒一受，這個火熱八月引起大眾口舌的層層波瀾。卓越被收購後，輿論普遍把卓越被收購與二〇〇三年到二〇〇四年發生的多起外資收購國內網路企業的事例聯繫起來：

二〇〇三年六月十二日，全球最大的C2C網站eBay完成對易趣的收購，前後耗資一．八億美元。

二〇〇三年十一月二十一日，雅虎完成了對3721公司的收購，價格為一．二億美元。

二〇〇四年六月十五日，全球最大的搜尋引擎google注資一千萬美元給國內最大的搜尋引擎百度。

二〇〇四年七月三十日，世界最大的線上旅遊服務公司IAC宣佈以六千萬美元現金收購中國線上旅遊服務公司E龍三十%的股權，並通過收購部分認股權證以確保在未來可以至少再購買二十一%的E龍股份，從而實現最終控股。

二〇〇四年八月十九日，亞馬遜以七千五百萬美元全資收購卓越網。

短短一年之間，國內幾家發展得比較好的網路公司紛紛被外資控股，媒體驚呼：狼來了！人們真是為中國網路的未來捏了一把汗。

而此前當當網的表現，確實是讓人為之一振，當當網居然拒絕了亞馬遜一．五億美元的誘惑，堅持自主發展的路線，這不能不讓國人矚目。當當網也順勢打出民族企業的大旗，自然而然博得一片喝彩聲。但是光喊口號是不行的，拒絕亞馬遜的收購必須有拒絕的本錢，當當網有嗎？當當網能抵抗住亞馬遜的全面進攻嗎？這一切未知數還要讓事實來回答。

二、雄鹿轉身　誤入困境

高層震盪：將帥更替

卓越網被收購了，亞馬遜大舉進入中國，似乎中國電子商務的新時代就要到來。業內人士普遍在關注兩件事：一是亞馬遜收購卓越後，卓越會去向何方，卓越在本土化與全球化之間能否轉型成功；二是亞馬遜進入中國市場後，對當當網會不會形成巨大的競爭壓力。

在業內人士普遍的觀望中，卓越網開始了轉型之路。按照亞馬遜與卓越雙方的協議，卓越網現有管理層不變，日常業務仍將由現任總裁林水星和副總裁陳年打理，亞馬遜也會派部分員工加入到卓越網工作。而卓越創始人雷軍則在二〇〇四年第三季度內卸任卓越網BVI公司的董事長一職。

但是陳年、林水星的留職只是一個過渡，等亞馬遜物色好了人選，他們就可以走人了。亞馬遜要的是有豐富跨國公司管理經驗的專業經理人，像陳年這種一路從基層打拼上來的人，他們是看不上眼的。二〇〇五年四月二十八日，亞馬遜宣佈卓越網總裁林水星與執行副總裁陳年離職。針對他們的離職，亞馬遜全球零售與行銷資深副總裁Diego Piacentini表示：「我們非常感謝林水星先生與陳年先生為卓越的消費者做出的所有努力。自併購後，我們對卓越網路購物的營運進行了大量改進與提高。今後，卓越網出色的管理團隊和員工將進一步努力，為消費者提供更好的網路購物體驗。」

不久，亞馬遜任命王漢華博士為卓越網新總裁。王漢華出生於北京，曾擔任摩托羅拉亞太區副總裁兼中國移動業務部總經理，在摩托羅拉工作期間，王漢華還曾擔任市場總監及戰略和企劃總監，加入摩托羅拉之前，王漢華擔任蓋洛普諮詢有限公司北京分公司市場研究總監。

亞馬遜同時宣佈任命另外兩位高管：黃偉強將擔任卓越網營運與客戶服務副總裁，蔣安成將擔任卓越網財務副總裁。黃偉強此前曾擔任YesAsia.com公司IT執行總監及營運總監、廣州新易物流軟體公司總經理。而蔣安成此前曾任中文交友網站88pal.com.cn首席財務官、新加坡荷蘭國際銀行投資銀行部總監。

以王漢華為首的這個團隊有著平均超過十五年的跨國公司管理經驗，「可以拿出去跟任何一個跨國公司中國區管理團隊比」。王漢華上任後，開始按照亞馬遜公司的要求對卓越進行改造。亞馬遜在兼併卓越後，一直沒有讓卓越改名，其中部分原因就在於卓越網原來的發展佈局與亞馬遜不配套，亞馬遜決心先對卓越進行業務調整。

二〇〇五年十月，卓越網的員工揮別了戰鬥過三年的一商大廈，搬遷到位於北京朝陽區永安里的更為豪華的華彬大廈。王漢華聲稱，新的總部環境有利於卓越網吸引人才。

王漢華在上任後近一年的時間裡，很少在公眾面前亮相，一方面專心處理政府關係和進行行業拜訪，另一方面集中精力對卓越網進行改造。在他的領導下，卓越網經歷了由「小而精」向「大而精」的轉變，卓越網還和摩托羅拉達成電子商務合作夥伴關係，建立了卓越網的第一家品牌專賣店，在卓越網上銷售摩托羅拉行動電話和相關配件產品。

對於卓越的換帥，當當網李國慶表示慶幸，他說：「如果亞馬遜持有當當五十％以上的股份，當當網的結局也會跟卓越一樣，本土化的管理團隊與本土化的商業模式會被顛覆重新再來。儘管本土化的管理團隊更高效，更熟悉本地市場。」李國慶同時認為亞馬遜對本土管理團隊的清洗加大了當當網的優勢，「這是當當網的機會，中國有中國的供應鏈環境，有中國的物流解決方案，移植亞馬遜的技術平臺不一定適合中國。外國大公司靠收購進入中國後會水土不服，而且大公司的管理有可能會遏制原公司良好的發展勢頭。」

李國慶預料的沒錯，被亞馬遜收購之後的卓越網，經歷了猛烈的高層震盪，接著就開始萎靡不振，統計數字能夠說明一切。來自易觀國際的調查資料顯示：二〇〇六年第一季度，B2C

市場前兩位公司——當當網和卓越網——超過了全部B2C市場佔比的三分之一，其中當當網占二十六・三五%，卓越網占十一・〇二%；二〇〇六年第三季度，當當網銷售額占國內B2C市場的二十八・一八%，而卓越網的銷售額占十一・七一%。卓越網的累計註冊用戶數也落後於當當網。二〇〇五年底，當當網以三千七百五十六萬用戶位列第一，占B2C市場總註冊用戶數的四十%，卓越網只有二十二%。易觀的統計顯示，二〇〇六年第三季度，當當網營收為二・七億元，而卓越網僅一・一億元。這組資料與三年前的數字形成了鮮明的對比：卓越網二〇〇三年營收達一・六億元，而當當網僅八千萬元。

結構重建：模式顛倒

與當當網從一開始就選擇亞馬遜「大而全」的模式不同，在卓越網原副總裁陳年等人的規劃中，卓越走的是「小而精」的道路。陳年認為做「精選產品、少品種、大批量」這樣的規劃是B2C電子商務在中國生存與發展的真正出路，因此卓越專注於圖書音像產品領域。

較少的資金和資源背景下，「小而精」的模式能夠提供種類少但品質高的產品，同時能相對保證產品品質和服務，在管理執行上也能保證高效率。但在被亞馬遜兼併之後，卓越「小而精」的模式就與母公司亞馬遜的「大而全」模式發生衝突。衝突的焦點在於，在中國目前的市場環境下，是否存在複製亞馬遜模式的可能？雖然當當網使用亞馬遜的模式已經取得了較大的成功，但陳年認為，亞馬遜的模式在中國行不通，不符合中國國情。在中國圖書音像業供應鏈還不成熟的情況下，像亞馬遜那樣既要零庫存又要配送及時是不太可能的。選擇亞馬遜模式，隨之而來的就是庫存、配送、銷售和管理成本的攀升，這對於中國本土任何一家零售商來說，都存在著巨大的現金流壓力。

但亞馬遜方面顯然不這樣認為。他們要的是卓越採取大賣場模式，做網上超市。二〇〇五年四月，王漢華接手卓越後，開始按照亞馬遜模式對卓越網進行全面改造，要把卓越原來的「小而精」改造為亞馬遜的「大而全」。

王漢華對卓越網的改造首先從商品種類下手。二〇〇六年一月，卓越網宣佈，摩托羅拉中國已指定卓越網為其電子商務合作夥伴，並通過MOTO卓越店在網路上銷售摩托羅拉行動電話和相關配件產品。憑著自己之前在摩托羅拉的商業資源，王漢華首先將摩托羅拉的產品擺上卓越櫃檯，事實上，這也是「卓越網設立的第一家品牌專賣店。」

自此以後，王漢華開始逐步淡化卓越網在人們心目中「圖書、音像網上商城」的單一形象，而將銷售商品擴展到家居化妝、數位手機、小家電等十幾大類。二〇〇六年五月卓越六周年慶的時候，王漢華宣稱，卓越已經從一年前只能提供三萬種左右商品發展到能夠提供四十餘萬種商品規模的大型網路購物商城。

這個時候，卓越的商城系統依然沿用了原有的網站系統，但在內部配送、物流、倉儲等環節已經開始全面吸取亞馬遜經驗。王漢華說，「物流技術的絕對優勢是亞馬遜公司成為全球領先的網上商城的主要因素之一。」卓越要向亞馬遜模式轉型，物流技術是無論如何也繞不過去的一個關口。

從二〇〇五年下半年開始，亞馬遜對卓越不斷「輸血」，「總部那邊派遣了包括技術、物流、營運等方面經驗豐富的人過來，」在這一過程中，王漢華說，「卓越開始彌補在採購、訂單資訊處理以及配送過程等方面存在的欠缺。」

在之前的「精品」模式下，卓越與供應商之間的關係相對簡單，對商品銷售的反應速度也相對較快，但在商品種類突增之後，「對於絕大多數的品種，我們不得不借助電腦系統作銷售預測和採購補貨，」王漢華說，與供應商之間也不得不建立系統連接「以實現採購單、發貨單和對帳單的及時電子交換」。

而對訂單資訊的處理，卓越網還不得不面對「網上訂購」、「電話訂購」、「匯款單訂購」、「簡訊訂購」等不同的訂購方式。按照亞馬遜的模式，卓越對此做出的變化是，建立一套訂單處理系統，「客戶任選其中一種訂購方式，系統將會生成一個包含客戶的訂購資訊以及訂購商品資訊的訂單號，並會按照客戶訂購商品是否有庫存，以及是否需要提前付款等條件進行判斷，再把訂單分配到最合適的庫房等候發貨。

但更為關鍵的是，卓越網還需要「對每一件商品安排適合的配送方式，以確保商品的安全配送。」王漢華認為，網上商城與傳統店的一個最大區別在於：客戶不能馬上拿到商品，在這種情況下，卓越網需要不斷縮短客戶下單到收到商品的時間，而建立庫房和物流配送體系是解決這一問題的根本。

在此之前，卓越網只有北京庫房，對此，王漢華決定加設上海、廣州庫房，縮短與華東和華南兩大區域客戶的距離。與此同時，「在全國三〇八個城市實現貨到付款，超過一百四十個城市增設加急服務，並在北京、上海提供當天配送的加急服務。」

至此，對亞馬遜在物流配送和倉儲方面的經驗吸收基本完成。對於王漢華來說，這一場從商品種類到物流技術的內在變化已經告一段落，接下來要進行的是對原有商城系統的改革。

二〇〇六年十月，正好是王漢華在卓越網新政一年半的時間點，卓越網進行了自公司成立以來最大的網站改版，正式發布了全新的網站。新的網站框架結構包括頁面風格已經全面複製亞馬遜，例如提供了亞馬遜為人所稱道的新書試讀功能。

元氣大傷：復原路長

李國慶曾說：「亞馬遜和卓越網在商業模式上的差異太大，要想順利實現業務轉型和管理磨合，沒有一到兩年的時間根本做不到。」

果然，自卓越網被亞馬遜收購以來，外界一度認為卓越網將挾亞馬遜之威所向披靡迅速搶佔國內B2C地盤的局面並沒有發生，反之，人們更多看到的卻是一個步履沉重、轉型艱難的卓越網。這似乎也印證了國外網路巨頭在進入中國後很容易水土不服的規律。「卓越網已經成為過去，現在只剩下平庸。」一位從卓越網離職的員工無奈地哀歎。

被收購後的卓越完全複製亞馬遜模式，努力把「東家」亞馬遜的網上零售專長與卓越網的中國市場經驗相結合，把變革的重點放在購物平臺的改良，以便培養用戶對網站的黏著度。但效果很不明顯，卓越不可避免地走向了平庸。

在B2C領域，圖書向來是B2C網站最大的賣點和獲利之所繫。以網上書店的創始者亞馬遜為例，其業務量的七十%就是來自圖書銷售，卓越網的競爭對手當當網的圖書銷售也占其營業額的六十～七十%，而實際上，伴隨著卓越的原當家人林水星、陳年等的離去，卓越在自己一向得意的線上圖書銷售領域開始走下坡，其增長速度之慢，甚至落後於中國網路的自然增長速度。顯然卓越網之所以在圖書銷售上掉隊，與現有管理層缺乏圖書銷售經驗及過硬的供應鏈資源有關。畢竟從前的副總裁陳年是懂行的文化人，而現在的王漢華則是更多的注重公司的商業營運管理。

現在的卓越網。圖書業務僅占二十五%，僅與數位產品所占的比例相當，而百貨卻占到其銷售額的五十%。有業內人士分析認為，「卓越網將百貨和數位產品作為B2C平臺的支柱業務，在產品定位上實在令人匪夷所思，因為B2C平臺在整個百貨和數位產品市場僅佔有極少的市場比例，在供應商那裡幾乎沒有地位，所以在價格上也毫無優勢可言，比如，卓越網的手機毛利就一直是負的。」

二〇〇八年底，在經歷轉型的陣痛之後，卓越網似乎在逐漸恢復元氣。從市場佔有率和用戶滿意度等資料來看，卓越網正在逼近當當網。顯然當當網不會坐等卓越，當當網與卓越網之間的競爭在未來會更加激烈。

三、商戰爭霸　硝煙彌漫

價格戰：低價聚人氣

以當當網推出「智慧比價」系統為導火線，一場遮遮掩掩的網上銷售價格戰由暗到明，並最終全面爆發。

二〇〇四年六月二十二日，當當網正式推出了耗資百萬開發的「網上智慧比價」系統。通過智慧比價系統，當當網每天即時對各電子商務網站的同類商品與當當網的同類商品進行價格對比，如對方同類商品價格低於當當網，此系統將自動調低當當網同類商品的價格，調整後的價格將低於對方價格十%。俞渝解釋說：「自動調價手段在傳統零售中很常見，只不過當當把這個過程用系統、用電子眼來完成。這更迅速、更便捷、也更公正。」

在得知當當網已經推出這個比價系統時，時任卓越網執行副總裁的陳年有些不屑，他說：「卓越網沒有必要採用這麼一套系統，因為卓越網從一開始便已經將價格定在了最低線。」，但是在卓越網接下來對當當市場資料的監控中發現，在系統開通後不到一周，當當網的日銷量實現翻倍，線上結帳的網上消費者高達數千人時，卓越網被迫迎戰。二〇〇四年六月二十八日，卓越在價格上做出回應，推出「冰爽到底」的促銷活動：每日推出十款經典商品，僅售一元。

「每日極品十款，降到冰點」的大旗也在卓越網主頁上飄揚；五天後，當當網針鋒相對地喊出了「一千款，打破冰點，不限時，任你選」的口號；次日，卓越網相應推出「極品天天變，全部只一元」，並發起「買一百送一百，三十免運費」的宣傳攻勢。

二〇〇四年七月十一日，當當更加魄力十足地喊出「買一百送一百五十」的口號。當當總裁李國慶表示對卓越的降價行為奉陪到底，「如果卓越敢於將全部商品都降為一元，當當必定將以九毛的價格奉陪到底」。

當當網和卓越網之間這場不計代價的價格戰，不僅超出常有規模和時間，更顯得萬分血腥，其慘烈與震撼讓業界感到震驚和恐怖。更為要命的是，卓越和當當正越來越深陷在一場誰也不甘退讓，誰也不能退讓的價格持久戰中。為配合價格戰的實施，當當網在三十六個「貨到付款」的城市把免費配送的貨值「門檻」降低到四十元。

對於當當網的瘋狂進攻，陳年認為：「俞渝是『受了刺激』，當當是說到做不到。」他的理由是，卓越和當當同時銷售刀郎專輯的價格都是十三．五元。陳年補充說：「如果卓越要打價格戰，至少要比市場最低價再低三十%。」但是陳年話剛說完，第二天當當網刀郎專輯的售價已變為五元，而卓越網的售價是六元。

到二〇〇四年八月底，雙方依然沒有收手的意思，當當的首頁上赫然打出「二千種圖書十元/本，讓盜版徹底歇業，VCD二元/碟、DVD四元/碟」的廣告。附帶的優惠甚至還包括買滿四十元免運費；而卓越網則有「為中國奧運健兒加油，酷品酬賓一折起」的橫幅，原價三十元一元一張的《第五元素》DVD，這裡竟然只賣三元，果然是一折起售。價格戰後，當當的排名直線上升，從Alexa網站排名來看，自二〇〇四年六月價格戰開打以後，當當的最高排名已提升到七十六名，此前其正常排名在四百名開外。而根據二〇〇三年的銷售記錄，當當的名次是在卓越之後。

在初戰告捷之後，當當網乘勝追擊。二〇〇五年十月十一日，當當網推出「網上智慧比價2.0」系統，新系統的整體效率和反應速度比1.0系統提高六十%，比價範圍涵蓋所有主流圖書音像網站，並且搜索速度和回應時間大大縮短。過去國內圖書音像產品的高定價一直是制約行業發展的瓶頸，而當當網克隆家電零售業的「國美模式」，與競爭對手進行「智慧即時價格PK」，無疑將拉低整個行業利潤水準，從而促進全行業重新洗牌，優勝劣汰。兩家網上書店之所以敢「比誰出血多」，關鍵是他們有大筆風險資金在背後撐腰，這種燒錢比賽的結果是滅掉了一批中小公司和其他競爭對手，抬高了這一行業的進入門檻，為自己今後獨霸市場打下基礎。

縱觀這場「慘烈」的價格戰，從開始到最終都是當當網主動出擊，所謂「兩虎相爭，必有一傷」、「殺敵一萬，自損八千」，當當網如此積極的發動價格戰，李國慶、俞渝到底想幹什麼？他們要的是人氣。李國慶說：「我們已經和供應商談好了，在熱門產品上少賺錢甚至不賺錢，重在跑量，以此聚集人氣，帶動其他產品的銷售。」鷸蚌相爭、漁翁得利，對於廣大消費者而言，當當和卓越網競爭越激烈，他們就越省錢，受益就更多。二〇〇六年三月，聚攏了人氣的當當網在悄無聲息中取消了網上智慧比價系統，讓這場價格戰暫時告一段落。

阻擊戰：搶先機

二〇〇七年六月四日，在併購卓越三年之後，亞馬遜總裁貝索斯首次訪華。貝索斯此次訪華將進行一系列活動，其中最重要的一項是完成卓越網的改名。二〇〇七年六月五日上午，亞馬遜與卓越網在其總部北京華彬國際大廈正式宣佈卓越網更名為「卓越亞馬遜」。在新聞發布會上，貝索斯表示，對於高速成長的中國市場和卓越網，亞馬遜肯定會長期進行資源支持，包括增加投資。

對卓越網而言，貝索斯此次訪華當然是一次值得大肆炒作的機會。而當當網也沒閒著，早在貝索斯訪華前就與卓越打起了新一輪的「口水戰」和價格戰。

二〇〇七年五月三十日，當當網將一份英文聲明以電子郵件的形式發給了貝索斯，針對卓越自二〇〇六年一月起稱自己是「全球最大的中文網上書店」的言論。當當網指出卓越在國內向用戶及投資人披露不真實資訊，有違作為上市公司亞馬遜子公司的品牌形象，當當網提出「請卓越網停止發布謊言」。

當當網認為，無論用戶知名度還是銷售規模，當當網都處於國內領先地位。當當網援引二〇〇七年三月國際調查公司AC尼爾森公司發布的網上購物調查顯示，網上書店當當網的無提示第一提及率是四十九％，卓越網的無提示第一提及率只有十二％。當當網還援引易觀國際的資料，二〇〇六年第三季度，當當網銷售額占國內B2C市場的二十八．一八％，而卓越網的銷售額占總體B2C市場的十一．七一％，當當網銷售規模領先卓越接近三倍。

在貝索斯訪華前夕發出這樣一封措施嚴厲的聲明信，當當網無疑是在給卓越網施壓。而卓越網面對當當網的聲明，也是平靜回應，卓越網首席執行官王漢華表示，卓越從未向外界透露公司具體資料，不知當當網聲明中的資料從何而來。卓越網新聞發言人表示，卓越網秉承「以客戶為中心」的價值理念，不會理會口水中的誰大誰小，卓越網將繼續使用「全球最大的中文網上書店」的宣傳口號。

在「口水戰」的同時，雙方的價格戰也進行得如火如荼。二〇〇七年五月中旬，當當推出「感恩季，超級VIP體驗月」，進行大規模的促銷活動，百萬商品二折起。從五月二十五日至六月五日活動期間，無論購物金額多少，可享受九五折上折的優惠，全場每件商品都參加，沒有特例品。六一兒童節期間二萬種少兒圖書音像玩具六九折封頂，還滿一百返二十A券，多買多返，玩具再買一贈一。眾多家長不需出門即可買到質優價廉的兒童禮物。

由於當當的率先發難，二〇〇七年六月一日，卓越也推出了「無論買多買少，全場購物免配送費」活動。而同一天，當當網又針鋒相對啟動了「感恩季第二波」降價行動，宣佈從二〇〇七年六月一日十三時至六月十五日二十四時期間，無論購物金額多少，所有顧客均可享受全場免運費的優惠，訂單滿一百元返十元A券（全場使用，無購物金額限制），再打九五折上折，享受超級鑽石VIP會員的待遇。第二波之後，當當網第三波的感恩行動也隨即上線。宣佈從二〇〇七年六月十九～二十八日，單張訂單無論購物金額多少運費均為一元。

在常規性的「口水戰」、「價格戰」之外，當當網還使出了一個非常規性的「損招」。

在貝索斯訪華的同一天，即自二〇〇七年六月四日開始，從TOM、網易等入口網站，點擊正文中「亞馬遜」、「卓越網」等字，立刻顯現出一個兩寸見方的廣告塊，顯示出「當當網，傳統商場的三至七折；其他網站的七至九折」等字樣。當當網此次買斷的文內關鍵字包括「卓越」、「卓越網」、「亞馬遜」、「貝索斯」、「貝佐斯」等，只要用戶點擊這些關鍵字，螢幕上就會出現當當網的文字、圖片等形式的懸浮廣告，點擊這些廣告，即可鏈結到當當網的官方網站。對此有些網友認為當當此舉實在是欺人太甚，紛紛為卓越鳴不平，對當當而言這不過是一次正常的商業宣傳行為而已。具體運作「點睛」文中廣告的龍拓互動公司表示，在當當網選了「亞馬遜」、「卓越網」等關鍵字後，他們也諮詢了律師，得知目前這種現象並沒有相關的法規限定，同時龍拓互動公司也曾與卓越市場部取得聯繫，但對方沒有做出明確回覆，亦沒有表示反對這一做法。

在進行「口水戰」、「價格戰」、「廣告戰」後，二〇〇七年六月四日下午，就在亞馬遜全球CEO貝索斯與中國媒體見面的前一天，當當又打了一個「新聞戰」。李國慶、俞渝夫婦帶領新的管理團隊在北京亮相，此次亮相的三位新管理團隊成員分別是CTO戴修憲、市場副總裁陳騰華和負責物流、人力資源、法務等的副總裁蔣涇。

雖然名義上說是新團隊媒體見面會，其實這三位高管加盟當當網已經超過半年時間。李國慶專門選擇在對手亞馬遜CEO來華的前一天與媒體見面，顯然有對抗性含義。對此，李國慶亦不諱言，此舉就是針對貝索斯而來，是為了表明當當有能力保持中國B2C行業第一的角色。

會上李國慶又一次語出驚人，認為卓越網在被收購後的兩年半中，與當當的差距越拉越大，亞馬遜應該考慮放棄卓越網，並稱如果「出價足夠低，當當可以考慮收購卓越網」。那麼李國慶說的「出價足夠低」是指多少呢？二千萬美元！二〇〇四年亞馬遜併購卓越時估價是七千五百萬美元（當時輿論認為這個價錢是把卓越賤賣了，合理價格至少應該是一億美元），現在的卓越問題再多，也不至於只值二千萬美元。李國慶這是在「惡搞」卓越網，拿貝索斯和卓越網「開涮」啊。

以亞馬遜總裁貝索斯訪華為導火線，當當與卓越網發動了一系列「口水戰」、「價格戰」、「廣告戰」、「新聞戰」，甚至「心理戰」，真是商場如戰場，雙方短兵相接，殺聲震天。對卓越網來說，這次戰役可被稱為「貝索斯保衛戰」，貝索斯訪華的背景是卓越網二〇〇六年虧損九千萬，所以有媒體發表文章稱貝索斯訪華是來「救火」。卓越網為迎接貝索斯訪華進行了一系列精心準備，要營造一個溫和的氣氛，同時要藉貝索斯來華之機，有效進行新聞炒作，以提高卓越網的知名度。而對當當網來說，這次又可被稱為「貝索斯阻擊戰」，李國慶先聲奪人，主動發起了一系列的「騷擾」，目的就是不讓貝索斯訪華活動愉快順利的過去，同時也要給卓越網難堪。當當網這次阻擊戰有效達到了騷擾卓越網的目的，同時也賺足了注目眼光，沒有讓卓越網借機成功炒作，相反從某種程度上說，當當網反而成了貝索斯訪華事件的焦點。

物流戰：拼時速

對電子商務的用戶而言，最核心的要素是購物體驗，包括價格體驗與誠信體驗。網上購物的價格是低廉的，這一點正是網上購物蓬勃發展的根本原因，但是網上購物存在一個如何將貨物既快且無損害地送到客戶手中的問題。卓越網高層曾表示，當當網與卓越網競爭第一點就是供應鏈之爭，如何使一本書從供應商手裡最快到達網站系統，讓消費者很快看到，並快速送到他們手中，這是網上零售企業面臨的真正挑戰，當當與卓越網的物流配送之爭，其實就是運費和送貨時間之爭。在雙方相互競爭的日子裡，雙方審時度勢，你來我往，奇招迭出，上演了一幕幕比價格戰更為精彩、更有戲劇性的物流戰。

由於當當是使用第三方物流，而卓越網是自建物流，卓越網在運費問題上一直對當當存在巨大的壓迫。當當網與卓越網成立之初都是要向用戶收取五元運費，同時滿九十九元免運費。

二〇〇三年十月十六日，卓越網宣佈從美國老虎基金旗下的老虎科技基金成功融資五千二百萬元人民幣，隨即卓越網拿出五百萬回饋用戶，隆重推出了史無前例的系列重大促銷活動，推出所謂八宗「最」，其中最搶眼的一宗「最」是運費全球最低，京滬穗三地送貨上門的配送費一律降至一元，海外配送基價降至一元。在推出一元配送費後，即收到立竿見影的效果，卓越網日單一舉超越一萬二千份。

對此，當當網考慮到成本問題，沒有跟進。在第二輪融資過程中，老虎基金方面曾提出讓當當網跟進卓越網免運費，通過提高流量和成交率來擴大規模，但是李國慶、俞渝沒有採納，僅僅把免運費的門檻從九十九元調低為五十元。

二〇〇四年六月，因當當網推出「智慧比價系統」，當當與卓越網爆發慘烈價格戰，為配合價格戰的實施，當當網宣佈在三十六個「貨到付款」的城市把免費配送的貨值門檻降低到四十元。

二〇〇七年六月初亞馬遜總裁貝索斯訪華為卓越網改名，為此卓越網打出免費送貨的大旗，卓越網的公告說：為了慶祝新成立的聯名網站，卓越網推出了一項特別的促銷活動——「零元免費送貨」。以前，卓越網會為購物滿九十九元的客戶提供免費送貨服務，但現在無論您訂購了多少錢的商品，都可以享受免費送貨的優惠。我們認為這是您親自體驗卓越網出色的產品和服務的一個絕好的方法。

在卓越網發布免運費當天，當當網就針鋒相對啟動了「感恩季第二波」降價行動，宣佈從二〇〇七年六月一～十五日，無論購物金額多少，全場免運費。在第三波感恩行動中，當當宣佈自二〇〇七年六月十九～二十八日，單張訂單一元運費。此後當當網沒再跟進，小額訂單收取五元運費，購物滿三十元免運費。

開始當當估計卓越網的此次「零元免費送貨」服務，僅僅是為貝索斯訪華造勢，所以也跟進免運費，但是一個月後，發現卓越網的血拼沒有收手的意思，當當這才發現卓越網這次免運費的真實意圖，這不是一次促銷活動，而是在照搬亞馬遜當年成功使用的免運費戰術。

對此當當網方面沉默了一年，最終進行了指責，二〇〇八年七月二十八日，當當網副總裁陳騰華指責卓越網免運費是惡性競爭，他同時表示：「對於全場無價格門檻的免運費，我們不會跟進。」

陳騰華解釋說：「我們九十%的用戶訂單額都在三十元以上，只有少數的訂單需要收取運費，而付費意味著享受到的是服務，與免費相比，所得到的服務品質也是不一樣的。我們要做的是獲利的事情，而不會去做卓越網這種惡性競爭的行為。實際上，也不可能永遠全免運費。」

果然，二〇〇八年十月二十一日，面對逐漸擴大的美國金融危機，卓越網宣佈結束自二〇〇七年六月開始的「零元免費送貨」活動，改為「購物滿三十元免運費」，看來卓越網是挺不住了，準備收縮防守，抵抗正在到來的全球金融危機。

然而十小時之後，戲劇性的一幕出現了，當當網宣佈推出「全場免運費」優惠活動。李國慶說：「推出『全場免運費』旨在進一步降低網路購物門檻。當當網用戶凡選擇普通快遞送貨上門及普通郵遞，不論購物金額大小，均可享受運費全免的優惠。」

雙方在同一天作出截然相反的運費調整，應該不是偶然的。當當網方面表示，這是公司在經過一系列精心準備後做出的重大決策，是當當網在九周年店慶前升級顧客體驗的一個重要砝碼，同時否認此舉與卓越亞馬遜的競爭有關。看來當當網是想趁著金融危機進一步打壓對手，搶佔更多的市場比例。

消費者除了關心商品的價格外，還關心自己買了網上的東西多久可以送達，能否按時送到，而送貨時間是由物流系統的完備性決定的。因此當當網與卓越網在供應鏈上的競爭越來越趨於白熱化，兩家公司從成立伊始就在不斷提高宏觀物流系統，一方面通過興建先進的物流倉庫，從而提高倉儲能力，另一方面又通過各自辦法提高和倉儲能力相配套的貨品轉運能力和配送能力。

二〇〇四年當當拿到老虎基金的一千一百萬美元後，就開始擴建其位於北京、上海、廣州的倉儲中心。北京的倉儲中心面積達一萬平米，上海、廣州的倉儲中心面積達五千平米。相比之下，卓越網位於北京、上海、廣州的倉儲中心則較小。亞馬遜收購卓越網後，卓越網也開始擴建全國的倉儲中心。二〇〇六年十月卓越亞馬遜啟用了二・二萬平方米的蘇州營運中心，二〇〇七年五月啟用了一・六萬平方米的廣州營運中心。二〇〇七年五月，當當網啟用地處北京南五環面積達四萬平米的新物流中心。二〇〇八年六月三十日卓越亞馬遜宣佈啟用其位於亦莊經濟開發區北京營運中心，占地四萬平方米，是原北京營運中心面積的二・五倍。

二〇〇八年七月下旬，為提高當當網物流服務品質，當當網對北京、上海、廣州、深圳四大中心城市的物流進行全面提速：凡北京城區顧客訂單，當日下單次日就可送達；廣州、深圳也新推出航空線路，一半以上訂單隔日即可送達，提速最為明顯的送達時間將較原來提前三天。業界專家分析，當當網此舉必將帶動業界物流環境的整體提速，從而給廣大網民帶來最大的實惠。

當當網方面說，在此之前，當當網物流速度基本位於行業前列，但本著從用戶需求出發，當當網針對北京城區用戶在原有基礎上又特別推出了此項「次日達」業務。北京提貨班次由原來的每日單班拓展到目前的每日兩班，即由原來每天晚上一個提貨班次，增加到上午和晚上各一個提貨班次。對於北京地區用戶來說，可以實現今天不管幾點下單，明天都可以送到的「次日達」。

而對於廣州城區、深圳（關內）的送貨業務，當當網根據顧客需要，由原來的全部鐵路運輸調整為一半以上都走航空貨運，這樣一來就大大提高了廣州、深圳物流的速度與能力。當當網負責人表示，廣州、深圳兩地顧客凡當日下午三時至次日上午八時所下的純圖書訂單，都可於第三日送達。當當網物流提速後，廣州地區較原來可提前兩天交貨，深圳地區較原來可提前三天交貨。

當當網計畫推出其傾力打造的「四小時特快專遞」，即北京四環以內顧客每天七時至下午五時提交的訂單，從下單到收貨只需要短短的四小時，一旦該服務開始施行，必將在北京城區打造出一個「四小時特快商圈」。目前無論網購行業還是快遞行業都尚未有過類似的服務，此舉將開創一個先河。業內專家坦言，「當當網物流大提速，特別是四小時特快專遞物流商圈，這絕對不是一個小項目，首先後臺技術操作與物流供應鏈要非常緊密的結合，無論是內部協調還是外部合作要求都相當高；其次還要有抵抗風險的能力，當當網能做到這一點，無疑已經打通了快速物流各個環節的綠色通道，由此可見當當網物流配送實力的確不可小覷。」業內人士分析，如果當當網真的推出這個專案，標誌著當當網的物流服務躍上了一個新的臺階，從而進一步提升了自身的核心競爭力，也必然會在顧客體驗方面有一次代表性的飛躍。

四、勝者為王　揮戈北上

巔峰獨佔：穩坐「全球最大中文網上書城」

從當當網上線那一天開始，李國慶就打出「全球第一中文網上書店」的旗號，海口是誇出去了，其實名不符實。二〇〇〇年前後，中國一時間湧現出兩、三百家網上書店，當時貝塔斯曼、席殊、卓越網等網上書店影響都不比當當網小，但是「好大喜功」的李國慶還是毅然打出「全球第一中文網上書店」的旗號。他想爭第一，不介意誇口。

隨後的二〇〇一年，網路寒冬來臨，真是風流總被雨打風吹去。上百家的網上書店一年之間倒閉的倒閉，被兼併的被兼併。而當當網在寒冬之中堅持高速運轉，李國慶、俞渝相信網上書店的春天一定會到來。

二〇〇三年「非典」突然襲來，讓網上書店走出低谷，開始被時尚男女接受，中國電子商務的新局面被打開。這時網上書店逐漸形成了當當與卓越兩雄相爭的局面，而且雙方都使用「全球第一中文網上書店」的宣傳口號。當時雙方在營業額、點擊率等各方面都互有勝負，相持不下。

當當網沒有默然接受這種局面，開始大打價格戰，用「智慧比價系統」這一殺手鐧將卓越網打得措手不及。隨後亞馬遜窺視中國市場，同時與當當網、卓越網商量收購事宜。當當網向左，卓越網向右，兩家「全球第一中文網上書店」分道揚鑣了。

人們紛紛把本土網路企業抗擊海外資本大鱷的希望寄託在當當網身上，李國慶也不失時機地打出民族企業的大旗。被亞馬遜收購的卓越網，開始走入海外網路企業併購本土企業往往水土不服的怪圈。二〇〇五年，在當當網與卓越網的競爭中，當當網開始佔據上風，開始以較大優勢領先卓越亞馬遜，逐步確立了名實相符的「全球最大中文網上書店」的業內老大地位。

二〇〇七年，李國慶對外宣稱，當當網在出版發行業已經實現了跨省市的連鎖經營，當當網滲透性非常強，當當網的銷售網路目前已經鋪向中國的三級城市，中小城市佔據了當當網三十%的銷售額。在加強對三級城市滲透的同時，當當網並沒有丟失其在大城市的市場比例。相反，當當網在北京超過了西單圖書大廈、三聯書店，在上海和廣州超過了當地的新華書店，成為最大的圖書零售商。在過去幾年，當當網都是三位數的快速增長。

統計數字顯示，二〇〇七年，每天有上萬人在當當網買東西，每月有二千萬人在當當網瀏覽各類資訊。以北京為例，當當網在北京的瀏覽用戶數占北京整體網民數五十%，一個月上當當網的人大概有二百萬左右，而北京網民總數大概四百八十萬，可見其滲透率之高。

李國慶透露，當當網註冊用戶二〇〇七年購物頻率是一．七次，人均網上購書金額為一百一十元。註冊用戶在選擇網上購書之前，每年購書花費不到五十元，每年去二次書店，平均每年買書不到四本，平均每年讀書不超過三本；而在成為註冊用戶後，消費者每年在網上購書費超過一百二十元，平均每年購書四次以上，每年購書量增加到了十五本，每年讀書超過九本。換言之，在選擇網上購書之後，註冊用戶的平均閱讀量相應提高了三倍。李國慶驕傲地宣稱：「當當網做大了中國圖書市場的蛋糕，而不是搶走了中國圖書市場的蛋糕。」

折戟沉沙：失利C2C

二〇〇五年，當當網開始以較大優勢領先卓越亞馬遜，逐步確立了全球第一中文網上書店的業內老大地位。同年，當當網放言，要揮戈北上進入C2C市場，要與淘寶和易趣火拼，可惜這個龐大的計畫沒有實現，當當寶上線幾天就徹底流產。此事留下了很多猜測與疑問，一個策劃近一年的重大專案，怎麼如此輕易就放棄了。李國慶、俞渝到底在想些什麼？這其中又到底發生了什麼？套用一句話「小敗怡情，大敗傷身」，李國慶、俞渝沒有被小敗所困擾，他們的目標是成為中國最大的中文網上商城，成為中國的巨無霸，成為全世界的當當。

電子商務經營模式主要有B2C、B2B、C2C、C2B四種經營模式。

B2C即Business to Customer，是企業與消費者之間的電子商務，指企業透過網路銷售產品或服務給個人消費者。企業直接將產品或服務推上網路，並提供充足資訊與便利的介面吸引消費者選購，這也是目前一般最常見的作業方式，例如網路購物、證券公司網路下單作業、一般網站的資料查詢作業等等，都是屬於企業直接接觸顧客的作業方式。其代表是亞馬遜電子商務模式。

B2B即Business to Business，是企業與企業之間的電子商務，B2B方式是電子商務應用最多和最受企業重視的形式，B2B主要是針對企業內部以及企業與上下游協力廠商之間的資訊整合，並在網路上進行的企業與企業間交易。企業可以使用Internet或其他網路對每筆交易尋找最佳合作夥伴，完成從訂購到結算的全部交易行為。其代表是馬雲的阿里巴巴電子商務模式。

C2C即Consumer to Consumer，是消費者與消費者之間的電子商務。C2C商務平臺就是通過為買賣雙方提供一個線上交易平臺，使賣方可以主動供應商品上網拍賣，而買方可以自行選擇商品進行競價。例如消費者可同在某一競標網站或拍賣網站中，共同在線上出價而由價高者得標，或由消費者自行在網路新聞論壇或BBS上張貼佈告以出售二手貨品，甚至是新品，諸如此類因消費者間的互動而完成的交易，就是C2C。其代表是易趣、淘寶等電子商務模式。

C2B即Customer to Business，是消費者與企業之間的電子商務，傳統的經濟學概念認為針對一個產品的需求越高，價格就會越高，但由消費者因議題或需要形成的社群，透過社群的集體議價或開發社群需求，只要越多消費者購買同一個商品，購買的效率就越高，價格就越低。C2B模式更具革命性，它將商品的主導權和先發權由廠商身上交給了消費者。C2B的模式，強調用「彙聚需求（demand aggregator）」，取代傳統「彙聚供應商」的購物中心型態。

這幾種類型幾乎都是同時起步，後來的競爭都是異常激烈，尤其是C2C市場，簡直可以用混戰來形容。

一九九九年，二十六歲的邵亦波回國，在上海創辦易趣網，拉開了中國C2C市場的混戰序幕。邵亦波談起他創辦易趣的靈感時說，他在美國，把他用了兩年的電視放在eBay的C2C平臺上賣，結果原價五百美元的電視被賣到了五百五十美元。這讓商機嗅覺敏銳的邵亦波一下子看到了在中國創辦一家類似eBay的C2C交易平臺的巨大市場潛力。

年紀輕輕的邵亦波可謂才華橫溢，他一九七三生於上海，一九九一年中學畢業赴美留學，一九九五年獲哈佛大學物理及電子工程雙學士學位，一九九七年入哈佛商學院讀MBA。

在易趣成立之初，邵亦波和譚海英孤軍奮戰，從第一波士頓銀行、萬通集團等拿到四十萬美元的天使風投。一九九九年八月十八日易趣網開通，九月十六日，易趣的註冊用戶人數達到二萬人，登錄商品五千餘件。十月十六日，相應的數字更新為四萬一千人、二萬一千八百件，網上交易金額突破千萬元大關。一九九九年十一月易趣獲得了由G.H.Whitney、Asianetch、OrchidAsian聯合投資的六百五十萬美元。二〇〇〇年十月，易趣引入三千萬美元的新一輪風險投資，眼看易趣的事業正蓬勃發展，二〇〇一年，IT業泡沫破滅，網路寒冬到來，很多網站面臨倒閉的厄運。為擺脫虧損的局面，易趣開始學習eBay的收費模式，向自己的賣家收取每件商品一到八元的登錄費。

易趣宣佈實施收費後反而刺激了公司發展，易趣競標商品每日出價數從收費前的二千八百次驟升到逾一萬次，拍賣成交率從二十%持續上升到六十%，日成交金額也從三十萬元上升到近一百萬元，且以二十%的速度逐月遞增。易趣網頁上每三十秒有一件新登商品，每十秒就有一個買家出價，每六十秒就有一件商品成功賣出。累計註冊會員數已經達到了三百五十萬。

二〇〇二年九月一日，易趣開始向賣家收取新的傭金專案。在易趣登記商品時共有商品登錄費、粗體顯示費、網上成交費、交易服務費、底價設置費等五個收費專案。交易服務費是指賣家在易趣網上登錄的商品網上成交時，易趣將按照商品最終成交價格的〇．二五%～二%的比例向用戶自動收取交易服務費。

在網路經濟普遍低迷的情況下，二〇〇二年三月，易趣獲得大額注資，eBay出資三千萬美元收購易趣三分之一的股份。eBay入股有效幫助了易趣走出寒冬。

急於進入中國市場的eBay，在收購易趣三分之一的股份後仍然意猶未盡，於是二〇〇三年六月，eBay出資一．五億美金全額收購易趣公司的股份，收購之後eBay將易趣改名為eBay易趣。eBay信誓旦旦要在十八個月內壟斷中國C2C市場，中國電子商務界已經感受到美國大鱷的逼人寒氣。

就在eBay開始全面進入中國時，二〇〇三年五月十日，馬雲的阿里巴巴宣佈投資四．五億元創辦淘寶網。為了與在C2C市場開拓多年的易趣競爭，馬雲公開承諾「淘寶網三年不收費」，這一殺手鐧，使淘寶網迅速攻佔市場。

二〇〇四年七月，淘寶周年慶，馬雲宣佈在個人交易的眾多關鍵指標上淘寶已經超越易趣。個人交易網站增長幅度，淘寶網以七百六十八%的高增長率領先國內其他網站，同時，淘寶網登上了二〇〇四年第二季度電子商務網站CISI人氣榜的首位。淘寶網的有效線上商品數量達到近二百萬件，交易成功率增長三．五七倍。據Alexa排名顯示，淘寶網的全球排名已經達到十八名，超出易趣。

面對淘寶的血拼戰術，二〇〇四年二月二日，易趣調低了商品登錄費用，這是易趣採取收費策略後第一次「降價讓利」。看來易趣已經頂不住淘寶的戰略進攻了。

二○○四年九月十七日，易趣正式接入eBay的全球交易平臺。由於平臺對接之後eBay易趣交易規則的改變，導致了對接的後果是易趣的商品數下降到了不足三十萬，並使得很多重要用戶流失。資料顯示，易趣的市場佔比已經由兩年前的八十%下降到了不足五十%。

與此同時，易趣陷入高層震盪，二○○四年十一月十二日，eBay易趣對外宣佈，董事長兼首席執行官邵亦波卸任，日常管理工作由鄭錫貴負責，邵亦波今後只擔任董事長一職，工作重心將從公司營運管理轉移到eBay易趣及eBay國際市場的長期發展戰略上，制定eBay易趣全球的發展戰略。邵亦波是明升暗降，這樣一來，邵亦波手中的權力就被架空了。

二○○五年五月一日易趣網再次宣佈登錄費、月租費下調，但是已經晚了，eBay 所宣稱的十八個月內壟斷中國C2C市場的夢想無情地破滅了，淘寶網已經搶佔了大部分市場。

二○○五年十月，阿里巴巴公司宣佈，對旗下的C2C網站淘寶網追加十億元投資，同時，從即日起，淘寶網將繼續免費三年。當到甜頭的淘寶準備將免費進行到底。

無奈之下的eBay易趣只能無條件跟進。雖然從二○○一年第三季度開始走上收費路線的eBay易趣一再聲稱不會因為競爭對手而改變自己的策略，但是已經抵不住了。十二月二十日，eBay易趣正式宣佈實施「免費開店」等價格調整計畫，為網上賣家開闢一條「零成本銷售管道」，其具體調整措施包括：任何經過認證的用戶都可以免費在eBay易趣開店；以倉儲式登錄店鋪商品將無需支付任何登陸費用（原來用戶的登陸費用是每月三十五元）；所有倉儲式商品將與競價商品和定價商品一樣，在eBay易趣的主搜索結果中顯示；所有定價商品的登陸費下調至和競價商品相同（降幅五十%），最低至每個商品一毛錢登陸費等一系列內容。顯然，eBay易趣與競爭對手淘寶展開近身肉搏。

正當eBay易趣大張旗鼓宣佈免費時，淘寶也在同一天公佈年度財報，宣稱自己的市場佔比已有七十%。阿里巴巴董事長馬雲稱，與eBay易趣間的「遊戲」已結束，他的下一個目標是打平美國eBay。

這邊淘寶和易趣正殺得難解難分，別的對手也拍馬趕到準備哄搶C2C這塊大餅。二〇〇五年九月十二日傳出消息，騰訊拍拍網上線試運行，憑藉QQ龐大的註冊用戶，拍拍網上線百天即已進入Alexa「全球網站流量排名」前五百強，創下了電子商務類網站入圍全球網站五百強的最短時間紀錄。騰訊公司董事長馬化騰認為，轉向電子商務領域是騰訊未來的發展方向，「三年之內，互聯網的主流應該是互動娛樂，但十年內，還應該是電子商務」。

二〇〇五年，淘寶與eBay易趣的競爭趨於白熱化，就在這個節骨眼上，騰訊和當當網都高調宣佈準備進入C2C市場，他們都看準了國內C2C這個潛力極大的市場。然而事情的發展總是超乎人們的意料，騰訊的拍拍網上線後迅速站穩了腳跟，而當當的「當當寶」則不幸夭折。

二〇〇五年初即傳出消息，當當網準備跨入C2C市場，這是當當網向「網上家樂福」轉型計畫的主要部分。俞渝為當當網進軍C2C還進行了一個小實驗，她一直鼓勵她的私人司機和秘書私下嘗試C2C業務，他們一個賣二手車，一個賣衣服，業績都很不錯。「尤其是司機，每月能有三千元的收入，足可以和工資比了。」從自己比較親近的人實際投身C2C業務的效果，俞渝堅定了C2C業務一定會發展壯大的信念，她確信「每個人做老闆」的時代已經來臨。於是當當網進軍C2C業務終於提上了議事日程。

在各方的猜測下，二〇〇五年九月七日，當當網正式就「當當網即將進入C2C市場」的傳聞發布聲明：

伴隨著中國電子商務的迅猛發展，成立僅六年的當當網取得了令人矚目的發展。目前，當當網的經營範圍已經從最初的圖書、音像製品占主導，拓展到了數位產品、百貨和圖書音像產品並舉局面，網上百貨商城的模式已經基本形成。順應電子商務發展的國際潮流，當當網計畫在近期啟動C2C交易平臺，打造一個全新的、C2C和B2C融合的交易平臺，為廣大消費者提供一站式的電子商務服務。借助B2C發展過程中形成的資源和優勢，當當網將為廣大網商提供更優質的電子商務交易、配送、結算解決方案。

李國慶表示，當當網的「網上商城」目標現在已經基本實現，進入C2C市場則是順理成章的事，就好比是在商城裡增開一個自由交易的市場。伴隨著電子商務的深入發展，B2C和C2C將走向融合。當當網跨入C2C市場是順應市場發展潮流的行動，符合廣大消費者和商家的利益。「這在技術上對當當網來說並不複雜，普通消費者將能因此享受更多的實惠，廣大網商則會獲得更多的交易機會。目前，雖然國內C2C市場的競爭比較激烈，當當進入後，有信心和實力用更優質的服務解決方案來解決目前困擾網商們的結算、物流等問題。當當網的目標就是成為中國電子商務領域的『大賣場』，成為中國B2C和C2C領域的第一名。」

李國慶認為，在C2C市場上，易趣、淘寶已經為培養C2C市場花了大錢，網上交易模式已經日漸被中國網民接受，C2C市場將要進入高速成長階段，而當當網此時進入，可以少交一筆「學費」。李國慶堅信，當當網B2C所擁有的一千五百六十萬註冊用戶，其中至少有幾百萬的忠誠用戶，這是當當做C2C業務的一筆財富。

俞渝對當當進軍C2C市場很有信心，她認為當當有三大優勢：一是當當已經在B2C領域摸爬滾打了五年，對中國的電子商務市場有了比較深刻的瞭解，鑒於B2C與C2C在眾多方面的共同性，當當在B2C領域的成功經驗是可以部分植入C2C的，當當進軍C2C可以說是輕車熟路；二是當當本身就有自己巨大的用戶群，有了購買的需求，不愁賣家不來，如此，買賣雙方的「商流」很容易就自主形成了；三是當當有五年做網上商家的經驗，而且是非常成功的經驗，當當完全可以把這些經驗和自己的用戶群體分享，幫助自己的用戶在電子商務這個領域謀得更大的利益。俞渝表示，「當當不會跟風燒錢，雖然淘寶和易趣的價格戰已經把進入C2C的門檻壘到很高，但是當當不會像其他C2C網站一樣去砸錢，我們的觀點是，如果錢能砸出企業、砸出價值，那麼張瑞敏、柳傳志都會『下課』，取而代之的是各基金經理。」俞渝認為，企業價值在於「一塊錢當五塊錢使」，也就是少花錢、多辦事。「該花錢就花，但是不花冤枉錢」，這是當當在C2C領域的基本策略。

在李國慶、俞渝信誓旦旦的同時，部分業內人士則對當當網「能否將過去在B2C市場上積累的經驗成功移植到C2C」提出質疑，尤其是淘寶與易趣的競爭已經趨於白熱化，當當網此時進入C2C領域會不會遭遇意想不到的困難。

為回應外界的質疑，李國慶宣稱，當當網發展C2C具有四大優勢：首先，當當的網頁瀏覽量大，多年來積累了幾千萬用戶，品牌美譽度也受到市場的認可。其次，優質的交易平臺和完整的後續解決方案將吸引網商與當當進行合作，對此，李國慶說：「眾所周知，網商的忠誠度非常低，當當網巨大的流量對誰來說都是無法抵抗的誘惑，再加上我們多年形成的物流配送網絡也會給一定規模的網商提供更優質的服務。目前，已經有很多網商準備和我們簽訂入駐合約了。」

第三，當當對顧客需求理解深刻，「可以完全從顧客需求入手，為他們提供最方便的購買過程和售後服務」。李國慶認為，未來的當當將會是一個「百貨市場+自由市場」的模式，廣大的消費者將能夠享受一站式的電子商務服務，這完全是一個全新的購物體驗。

第四，則是當當網經過多年實踐逐步完善的物流配送體系：「當當網已形成自己全國完整的物流配送體系，我們會用全新解決方案把這些經驗移植過來。」同時，李國慶也說，需要根據C2C的具體情況，對原有的配送解決方案進行一定的調整與創新。不少網商目前也已經參與到了這個新流程的規劃中，並且提出了寶貴的意見。

正是這些優勢，讓李國慶自信的認為：「當當網至少與目前市場上的先進入者處在同一起跑線上。我們的目標是讓當當網成為中國電子商務第一品牌。」也許這就是成功者的素質，不畏懼困難，認準了目標就去追逐，有優勢要上，沒有優勢創造優勢也要上。其實如果客觀地說，淘寶網光宣稱三年免費，就投入了幾億元，這巨大的投資並不是精打細算的當當能夠承受的。

在業界關注的目光中，二〇〇六年一月八日當當網的C2C平臺當當寶（www.dangdangbao.com）正式上線。當當網方面宣稱，依靠當當網的強大品牌影響力和流量，將有超過五萬名商家會在第一周內註冊當當寶，登陸商品將會超過二百萬件，當當寶屆時將成為國內三大網上個人交易平臺之一。

但是僅上線兩天，當當寶就因故障停止，二〇〇六年一月十日當當網發布公告稱：

我們非常遺憾地通知您，從二〇〇六年一月十日十八時開始，我們將暫停所有賣家的認證註冊，但是您仍可註冊成為當當寶的用戶，買賣交易將繼續進行，已通過認證的賣家仍可正常營業。

據稱，當當網此次暫停賣家認證的原因，是由於當當寶的伺服器和系統承受能力遭遇壓力。二〇〇六年一月八日當當寶上線以來，賣家註冊人數增長快速，短短幾天內註冊用戶就達到五千家。遺憾的是，在用戶快速增長的同時，從用戶那裡得到的投訴也不斷增多，系統和伺服器的壓力也越來越大。

二〇〇六年四月初，俞渝向外界正式宣佈當當寶暫停，她表示，「做出這樣的決定我自己也很痛心」。俞渝說，在當當寶試行幾天後遇到了一些問題，主要是在當當寶上出現許多違規商品、四道販子、以及部分商家定價過高，不符合當當網的低價策略。「這些問題都挺嚴重的，當當寶也不希望因為這些問題而使用戶受損，因此決定暫停」。俞渝說，這些問題在前期調研中已經注意到，但真正執行起來卻發現C2C並不簡單。

就這樣，當當醞釀已久進軍C2C市場的戰略中途夭折。二〇〇五年底，當當網曾提出，除了原有的圖書和音像業務外，二〇〇六年當當網的戰略重心集中在C2C和百貨業務。結果二〇〇六年，當當寶計畫徹底失敗。

事後，當當進軍C2C市場遇挫一事引起廣泛討論。業界紛紛表示奇怪，怎麼一個醞釀許久的重大計畫僅僅上線幾天就主動放棄，這不符合一向精明的李國慶、俞渝的行事風格，看來從一開始，李國慶、俞渝就對C2C複雜性認識不足。C2C比B2C更加複雜：不僅是自己做生意，而是幫助上百萬賣家和上千萬買家做生意。開展C2C業務，支付、物流系統就不但要給自己內部用，還要開放給數量巨大的賣家，營運的複雜程度提高很多。

所以，雖然當當有強大的B2C平臺，並在電子商務領域有豐富的經驗，但由於C2C與B2C營運方式本質上有巨大差別，同時又由於過度依賴以前在B2C領域積累的認識，最終導致了進軍C2C市場的慘敗。

經過這次失敗之後，李國慶、俞渝對於國內C2C市場的認識更加深刻了，有一次他笑言自己是「上了馬雲的當」。在出席二〇〇六年十月二十六日由慧聰網舉辦的網路商圈論壇上，李國慶再一次語出驚人。在發言中，李國慶先做了一個有意思的鋪墊，他說：「下面我用五、六分鐘說一下我理解的易趣和淘寶。早晨我太太跟我說，你不要講，人家的事你講什麼啊，我既然來了，我就應該說啊，這是我跟蹤了五年做的一些調查和思考，我已經一年不講別人家的事了。」看來李國慶是骨鯁在喉，不吐不快。

李國慶認為，雖然馬雲以及淘寶曾在多個場合表示，淘寶在中國市場擊敗了eBay，但是，淘寶根本沒有擊敗易趣。從成交額上看，完全免費的淘寶網不過是易趣的二至三倍，且淘寶上存在大量的自消費，騙取信用評級；事實上，淘寶網的真實交易量不過是易趣的一至二倍。從收入上看，免費的淘寶網不僅沒有任何收入，而且還要倒貼銀行網上支付的手續費，反觀易趣，二〇〇五年的收入是二千萬美元，二〇〇六年在大幅度降低費用後，收入還提高了二十%。從市場費用投入與產出來看，易趣在市場費用上遠低於淘寶，獨立IP也達到了淘寶的三分之一到二分之一。李國慶總結說：「顯然，淘寶『全免費＋高市場投入』的戰略並沒有和易趣拉開絕對差距，說打敗易趣更是為時過早。」

李國慶批評，在淘寶網上存在大量的假名牌和自消費，這只有李國慶自己真正做過C2C才能看出來。尤其是自消費，由於在C2C平臺上，店家的靠前程度與該店的成交量有關，所以很多店主為了提高名次，就不斷假借帳號買自己的東西，於是看起來很大的成交量，其實含有極大的水分，這嚴重誤導了商家和消費者。

全面升級：奔赴「全球最大中文網上商城」

隨著中國電子商務網站之間競爭的加劇，圖書與音像製品利潤率下降過快，在銷售量幾乎是逐年翻倍增加的同時，利潤卻在不斷大幅下滑，同時物流成本也隨著業務規模擴大而增加，到二〇〇五年當當網業務單一的模式已經明顯不足以支撐網站的發展，當當網必須轉型。俞渝說：「當當網要保持高速的增長，還必須儘快尋找到一個新的突破口。」

當當準備在圖書音像業務之外，另開百貨和C2C業務，用當當網內部的說法是，今後當當網要用「三條腿走路」。俞渝說：「以前的當當網是賣碟賣書的，以後的當當網不僅要賣碟賣書，還要賣百貨，還要做個人交易業務。」原有的圖書、音像業務，加上現在的百貨和C2C業務，當當網希望以此改變自己在用戶心中「網上書城」的形象。這些轉變，清晰地顯露出當當網的戰略轉型軌跡。

李國慶分析認為，從市場容量來說，百貨類的產品每年銷售額都達到幾千億人民幣，如果分一%到當當網來，都是個不小的數字。從當當網目前的顧客性質來分析，他們基本上都需要這幾類產品，如果當當網提供的百貨產品能夠在價格、品質上有保證，賣出去並不難。

公司轉型第一步是人才先行，李國慶雖然在商海拼搏多年，但主要是做書籍銷售，其他日用百貨的銷售很少涉及，缺乏經驗，而俞渝從前主要是做企業併購，對百貨業更沒經驗。為了進入百貨業，李國慶、俞渝用了八個月的時間，約見了家樂福、沃爾瑪、屈臣氏、宜家等著名超市的採購、總監或高級經理以上的九十多個高級管理人員，如果覺得滿意，就把他們挖過來，加盟當當。經過半年多的努力，當當網建立了一支頗有實力的網上零售業職業經理人隊伍。

二〇〇五年三月，當當悄然邁開了轉型百貨業的第一步。在短短半年之內，當當網的商品很快從最初的十幾種發展為十幾個大類、數千種商品；當當網的網站流量也一舉超越老對手卓越網；到二〇〇五年十一月底，當當網的年度營收達二．七億人民幣，超額完成了目標。轉型後，幾個月的銷售數字表明，非圖書音像類產品的銷售已佔據主導地位，占整體營業額比例超過五十％，特別是數位和化妝品兩個產品線，僅玉蘭油每天的銷量就在二千瓶以上，這個資料符合當當網二十二到三十五歲核心用戶的定位。

雖然業務拓展成功，但俞渝還不滿足，她說：「真的是隔行如隔山，新產品的特性完全不一樣，我們也找了很多的相關人才，大方向沒出大問題，但節奏還是慢了些。」當當網之前主要是賣書籍和音像製品，書籍幾乎不存在品質問題，顧客也不用驗貨就能下訂單，然而日用百貨的網上銷售與書籍具有很大的不同。以化妝品為例，假冒偽劣的化妝品不但會給顧客造成經濟損失，往往還會給消費者帶來身體上的傷害。由於不能事先驗貨，顧客在網上訂購日用百貨時最擔心的就是品質問題。

為了讓顧客放心購物，當當網向全社會鄭重承諾：「當當網銷售的化妝品均為名牌正品，消費者可以放心選購；顧客如發現在當當網購買的化妝品中有假貨，將執行『假一賠十』的政策，即按照該產品的市場價十倍賠償給消費者。」這一承諾，使得當當網成為國內首家正式發布消費者維權承諾的網上購物商城。

當當網表示，推出此項公開承諾是參照目前線下實體優秀百貨企業的通行做法，一方面可為當當網樹立起讓消費者放心、信賴的品牌優勢，同時提升國內網上化妝品銷售的競爭門檻，促進優勝劣汰，進一步促進國內網上購物消費的發展。

在二〇〇五年當當網初步轉型成功，而二〇〇六年當當網在經歷了進軍C2C市場失敗後，更加堅定了發展百貨市場的發展思路。二〇〇六年七月，當當網第三次引入風險投資，從DCM、華登國際、Alto Global三家風險投資基金成功引入二千七百萬美元資金後，當當網在網站上打出「當當融資成功，全力擴張百貨」的廣告口號。這清晰地反映了當當在成功融資後，將把發展重心放在百貨業務，目標想當然是要做全球最大的中文網上商城，也就是「網上沃爾瑪」。

中國的企業在執行發展戰略上最經常採用的一種做法是實行多元化戰略，這是因為中國市場並不是一個競爭充分的市場，企業在執行多元化戰略後，既可降低風險，又可增加利潤。這一思路在網路企業中也延續著，例如騰訊本來是靠做即時通訊軟體QQ起家的，但是二〇〇五年開始向入口網站、網路遊戲、C2C、搜尋引擎等幾乎全網路商業模式進軍。

當當網也奉行多元化戰略，二〇〇五年當當醞釀進軍C2C領域就是這一戰略的體現，可惜沒有成功。當當網最初是做網上書店，隨著企業的發展，李國慶、俞渝逐步在擴充當當網的產品線，從單一的書籍、音像製品，到數位、化妝品等。隨著時機成熟，當當網的戰略目標由做「全球最大的中文網上書店」轉變為要做「全球最大的中文網上商城」。

二〇〇八年十月十五日，當當網宣佈推出新版網站首頁，原先以圖書展示為重點的商品分類被代之以圖書館、數碼館、服飾館、家居館、母嬰館、美妝館、健康休閒館、食品館等八大特色館，於是國內最大網上購物中心浮現出來，正像俞渝說的，「當當網要做網上沃爾瑪」。

新首頁的推出，標誌著當當網的戰略著眼點已開始大規模向開放式綜合B2C平臺和一站式網上購物中心轉移。為了進一步提高用戶的網上購物體驗，在全力挺進綜合網路購物中心的同時，當當網還同步推出全場購物免運費的優惠措施。當當網新版首頁在整體設計思路和商品陳列方式上有諸多改進，整體頁面風格呈現出簡單明朗的暖色調，時尚而不失人性化，商品分類及陳列方式不僅更便於用戶購買，整體佈局也更為合理。

通過整合多方資源，改版後的當當網為顧客提供了一個更加人性化、多元化的購物平臺。圖書品類仍以突出醒目的圖片形式展現，但在新版中，圖書內容已不再占壓倒一切的地位，各類百貨品種獲得了更大的展現空間。由於每個特色館都有各自清晰的導航、完整的分類、多樣的商品展示模組，以及專業的UI（User Interface，用戶介面），新首頁適應了不同顧客不同口味的需求。

出於改善用戶購物體驗的考慮，當當網新首頁還優化了商品列表頁、店鋪頁和促銷頁等功能模組，其中商品列表頁不僅提供顧客搜索或按分類逐個瀏覽的功能，還提供多種顯示、排序方式，以最大限度的幫助顧客挑選商品；店鋪頁主要用於展示每個商家的資訊，包含商品、商家評價、聯繫方式、最新問答等；商品資訊頁主要用於展示商品資訊、購買過的顧客的評論、問答等資訊，並利用先進的技術為顧客推薦商品；促銷模組則旨在通過提供多種網路促銷模式，幫助顧客挖掘更加優惠的商品，讓顧客獲得最大的利益。

新版當當網首頁還增設了旨在強化平臺黏性的當當活躍用戶列表、最有用的評論、最多讀書心得的書等功能模組，以及商家問答和商家評價功能等實用的互動功能，並將此功能貫穿在店鋪和商品資訊頁面。

顧客可開設個人空間，建立個人檔案，開設個人書架，就商品向商家進行提問，也可以分享有購買經驗的顧客的購物感受，並以此積累活躍度積分和作為購物的參考。李國慶說：「與採用集貿市場模式和平臺模式的淘寶不同，當當網做的是網上購物中心模式，這一模式與市場上其他參與者有很大不同，其一，我們面對的是中高階的消費人群；其二，我們的供應商都是有品質保證的，所以當當網的用戶忠誠度在B2C領域居於第一，我相信這一模式更適合把中國的網上購物建立成一個規範的市場。」

李國慶表示，當當網經營方向的拓展是隨客戶需求而變的結果。當當網會在保持圖書、音像等既有優勢業務持續發展的同時，不斷向其他商品種類拓展，以便盡可能適時滿足顧客日益多樣化的一站式購物需求。此次改版不僅是為了優化購物流程、最大限度地滿足用戶的網路購物體驗，也是當當網從中文網上書店向包羅萬象的一站式網上購物中心進行戰略升級的前奏。此前，當當網上線新的ERP，整合供應鏈，在北京、上海、廣州、深圳四大城市啟動物流提速計畫，已經為向網上購物中心挺進奠定了良好的基礎，目前當當網上的商品超過了一百萬種。隨著當當網綜合購物中心的不斷完善，品類齊全的優勢無疑將更為凸顯，而這一優勢也將進一步使當當網在用戶的廣泛性和數量上持續保持領先，並在方興未艾的B2C電子商務大潮中引領市場新典範。

當當網介入百貨業，不僅豐富了所經營商品的種類，拓展了經營的規模，也為自己找到了新的利潤增長點，有利於突破當前的發展瓶頸，為今後的發展壯大奠定了堅實基礎。

第四章

「超越功利、昇華文化」，更上一層天

當當網最為寶貴的地方，就是不僅僅停留在只會賺錢的功利目的，和沾沾自喜的沉浸在商戰中的區區小勝，而有著更加高遠的志向和胸懷。當當網在消費者心目中已經成為一個具有文化氣息的網上書店，當當網的圖書評論、讀者頻道、圖書排行榜都做得有聲有色，得到讀者的青睞，引領了中國人的閱讀文化潮流。當當網為了繁榮中國人文文化而默默的貢獻著自己的作用，每當遇到國家危難、社會危機的時候，就會挺身而出一而再、再而三的來施展出全身能量，躬體力行、全心全意奉獻。在二〇〇八年裡，這個對中國來說有著特殊意義的年份，中國人經歷了南方雪災、汶川之殤、百年奧運等令人悲喜交加的事件，同時向世界展示出了中國人的堅強鬥志。當當網身在其中，也燃燒了自己的民族情懷，在祖國最需要的時候貢獻著光和亮！

一、書生意氣　揮斥方遒

讀者評論：最具有文化氣息的書店

二〇〇四年十月，早年畢業於清華的物理學博士楊勃從國外歸國創業，一次偶然的機會在和朋友討論中，他萌發了創立一個網站的想法。最初想做一個旅遊網站，準備取名為「驢蹤」，後來幾經考慮，將旅遊網站改為圖書網站。當時他住在北京豆瓣胡同，於是就給這個網站取名為「豆瓣」。

二〇〇五年三月豆瓣（www.douban.com）正式上線，網站開張第一天就有人通過豆瓣去當當買書。豆瓣是一家Web 2.0網站，主要是做圖書、電影、音樂的評論，全部評論都是由網友來完成。像所有Web 2.0的網站那樣，楊勃也宣稱對用戶「永遠免費」，楊勃說：「我們的核心價值是讓用戶發現新東西，如果我們做得好，用戶就會發現有價值，就會去買，這樣我們等於幫助商家做了行銷，因此我們會與之分帳。」

豆瓣沒有編輯，沒有特約文章，沒有跳動的最新專題。在豆瓣上，網友可以自由發表有關書籍、電影、音樂的評論，可以搜索別人的推薦，所有的內容、分類、篩選、排序都由用戶決定，甚至在豆瓣主頁出現的內容上也取決網友的選擇，網友給一本書評論一個「有用」，它的排位就會自動上升。總之，豆瓣以它開放的讀者評論和關鍵推薦贏得了眾多網民的信賴。

國內網站大多複製美國成功網站模式已是不爭的事實，從騰訊、百度、淘寶、甚至當當身上都不難發現，中國網路企業的美國取經路徑早已成為傳統，然而豆瓣宣稱自己的模式是原創的。楊勃說：「之前沒有跟我們的概念完全相同的國外網站，我們當然也借鑒了其他網站的一些元素，但整體的模式是創新的。」

豆瓣網主要從三個方面有所借鑒。一是簡約素雅的介面風格，來自於flickr，包括它的分享概念；二是電子商務方面，借鑒了亞馬遜，比如用戶評論和推薦；三是社會網路（SNS）的一些元素，把人和人的社會關係真實地搬到網上，不過一般的社會網路是沒有媒介的，而豆瓣用相同興趣作為媒介。

其實豆瓣網所做的，正是當當網需要做而沒有做的。豆瓣網和當當網都從亞馬遜獲得啟示，但是豆瓣真正學到了亞馬遜讀者評論的精髓。亞馬遜雖然是個電子商務網站，卻鼓勵讀者對圖書進行評論，但它的讀者留言卻讓它成為了一個傳播資訊的媒體平臺，不但所評論的覆蓋範圍極廣（幾乎包括所有出版發行的書籍、CD、DVD），影響力也極大。這些年美國出版的知名商業書籍和專業書籍中，有相當一部分把亞馬遜的讀者五星級評價印在封底作為宣傳口號。

當當網發現做讀者評論也是有發展前途時，就開始吸取豆瓣的一些成功經驗。這也是大型入口網站的基本策略，由於自身的巨大優勢，所以他們不再自己去做一些嘗試，而是放開市場讓那些小公司去做，一旦這些小公司做好了，發現某個領域有「錢」途，這些大網站就使出經典的兩招：一招是利誘，就是花錢把小網站收購下來，直接為自己服務；一招是恐嚇，你不讓我收購，那麼我自己做一個跟你一模一樣的網站，憑藉入口網站的巨大優勢，很快就能把你擊垮。

豆瓣網現在「錢」途初現，幾個大網站開始對它虎視眈眈。不斷有專業人士建議當當網趁豆瓣還沒做大把它收購下來，例如二〇〇六年九月在上海東方衛視的《波士堂》節目中，嘉賓麥肯錫高級專案經理沙莎女士建議俞渝說：「我知道國內有一個豆瓣網，一個小的社區，大家都在上面寫書評，我自己買書的時候也會去看一下。既然當當體內沒有孕育出來這樣的東西，為什麼不把它收購過來？比如亞馬遜，它其實就是買了一個商業評論的網站，所以他們的書評做得特別好，不論買什麼書都會看到很多人的評價，非常可信，非常踏實。」

俞渝回答說：「你提到的豆瓣網，還有像天涯社區，現在有很多比較好的評論網站，但是這些評論網站是這一、兩年才開始越來越豐富的，那些網站的創始人，他們的夢可能比俞渝的夢還大，所以我買不動。現在大家都覺得web 2.0可能要比我們這些做網路購物的是一個更大的金礦，所以不賣。另外，這種評論的文化在中國還是比較缺乏的，無論是書評還是對別的商品的評論，都缺乏公正的評價體制。比如說國外的顧客評論這個商品好不好，他會非常仔細地講到商品的各個部分，而中國顧客寫評論時經常是『好』、『頂』，一句話評論。」

從俞渝這段講話可以看出，當當網方面應該私下和豆瓣接觸過，洽談收購事宜，但是被楊勃拒絕了，楊勃對豆瓣懷著更大的夢想。

豆瓣成立後發展迅速，二〇〇六年六月，豆瓣獲得策源基金二百萬美元投資，當然還是有人不看好豆瓣。二〇〇六年十月二十五日，由慧聰網舉辦的首屆「互聯網商圈大會」上，李國慶談了對豆瓣的看法，他說：「一年內趕緊找一個好買主賣了得了，因為一年後這個豆瓣就成僵屍了。」顯然李國慶這是在公開給豆瓣施壓，他要來真的了，既然你不讓我收購，那我就把你衝垮，但李國慶這次過於樂觀了。他說這話的時候，當當網的商品討論區剛剛開始，但是當當網的商品討論區在具體的互動效果上做得不是很理想，評論區中很少有人議論商品，更多地像個雜燴論壇。網友們在裡面說一些有關當當的其他事情，例如物流啊、服務啊，真正的圖書評論很少。

好在，豆瓣網的創始人楊勃沒有聽李國慶的話，二〇〇七年十一月，豆瓣註冊用戶達到一百萬，同時豆瓣網還找到了自己的獲利模式，豆瓣網最重要的收入來源是和當當、卓越網這些電子商務網站合作。在豆瓣網提供的服務中，產品比價是一項很重要的內容，例如豆瓣提供當當和卓越兩家網站的價格比較，用戶當然要選擇便宜的那一家。通過「價格比較」功能表將有購買意向的用戶鏈結到當當、卓越等網站，用戶通過鏈結發生消費後，豆瓣就得到十%的回報。這些收入，足夠支撐豆瓣網的日常運轉，還有一定盈餘。

李國慶不是服輸的人，他開始醞釀更大的變局。

二〇〇七年二月六日下午，俞渝的好朋友洪晃舉行了新書《無目的美好生活》當當網首發媒體見面會，在見面會上，李國慶透露了當當網即將上線的新功能：讀者書評，當當網要讓讀者在圖書下面交流。李國慶表示，當當要做的是讀者評論，不是網友評論，要發揮編輯的重要性，像那種網友發的「好啊」之類的評論出現在上面就沒有多大意義。李國慶或許認為，當當網的讀者書評功能出來後，豆瓣應該就日落黃花了，但很多分析人士認為，當當網不會對豆瓣那樣的網站構成致命打擊。有人分析：「因為社區的氛圍是一點點培養出來的，媒體的品質也是一點點打造出來的。豆瓣依靠小眾化口碑傳播，使得同質的人聚合在一起，如今它已經形成了獨特的社區互動和書評文化，這種競爭力將讓豆瓣持久地生存下去，並將走得更遠。就像各大門戶都有論壇，但是任何一個門戶論壇也沒有天涯社區的火爆，是一個道理。當當是一個大書城，豆瓣是一個花園，有的人喜歡在書城裡讀書，有的人喜歡在花園讀書交流，兩者並不衝突。」二〇〇七年四月，當當網的讀者評論功能正式開通，大量的讀者在當當網留下了有趣的評論。當當網的書評越做越好，但是當當與豆瓣並不衝突，各有千秋，某些地方還互相補充。

在亞馬遜網路書店上的書評，來源大致有四種：一是與平面書評雜誌、報紙、電視媒體合作，付費轉載的書評；二是作者或出版社提供的評論或摘要；三是亞馬遜公司自己編輯的書評；四是讀者書評。當當網的書評只有少數是出自專業的書評作者，出自書托（編注：出版商安排專門吹捧出版書籍的人）的更少，最多的還是出自當當網用戶之手。也許是當當網有編輯把關的原因，當當網一旦發現某篇書評極盡吹捧之能事，明顯是書商找人捉刀代筆的，就會將其隱藏。這一點與豆瓣網有較大不同，有一段時間豆瓣網上很多書評都出自書托，都是一些無聊吹捧之辭。

按照青年學者陳鐳的研究，書評一般可分為內省式書評與外觀式書評。內省式書評就是書評作者結合自己的人生經歷來談一部書，而外觀式書評就是書評作者只談書的內容，不涉及其他。這兩類書評其實並無高下之分，只是風格不同。而當當網的書評多數都是陳鐳所說的內省式書評的範疇，一般是讀者買了一本書讀完後有感而發，順便在當當網上發表一點自己的感想，都是結合自己的經歷來談，這也讓其他的用戶覺得很親切。

當當網的這種讀者評論，最重要的還是推介功能，這些由顧客親身消費累積而成的真實意見，也可為用戶購物提供絕佳的參照。例如有些書寫得很爛，我們就會看到有讀者留下評論說，「很爛，建議不要買」或者「垃圾，純粹是浪費我的錢和時間」之類非常尖刻的批評。

當當網在直接由當當用戶留言評論外，為了博採眾家之長，也與其他圖書網站合作，從那裡轉載優秀的書評。例如二〇〇八年三月，價值中國網和當當網達成合作，定期向當當網推薦價值中國網會員的優秀書評，而當當網則注明書評的出處和撰寫人。至今已經推薦了十二期，每期五十篇。價值中國網推薦的書評往往篇幅較長，豐富了當當網既有的書評。

當當網也會挑選一批好的評論員作為榜樣，例如當當網依據顧客商品評論中「精彩評論」及「五十字以上評論」的綜合考量優選出的「評論員TOP10」，其中最多的一個網友「身邊幸福」，一共給當當網做了一千則評論。

除此之外，當當網也沒有浪費這些評論，從二〇〇八年九月開始，當當網辦起了《書評月刊》，每月一期，把這個月中精彩的書評集中起來，分專題、酷評、讀史、隨筆等欄目，裡面收錄的書評都是精彩之作。《當當書評》相當於是網刊，相信隨著當當網書評的發展，《書評月刊》不無可能發展為紙刊，到那時當當網就不僅僅是一個網上商城，更是一個超級媒體平臺。

讀書頻道：中國圖書文化的風向標

經過精心準備，二〇〇九年一月初，當當網推出讀書頻道，此舉突破了當當網「只有貨架」的歷史，真正成為圖書領域的綜合平臺，讓當當網更具文化氣息。知名歷史學家毛佩琦教授對當當讀書頻道上線表示祝賀，他說：「讓我們乘坐當當之舟，在書海中樂讀。」人民出版社負責人表示：「在新的一年中，人民出版社希望攜手當當網讀書頻道為讀者奉獻更多、更好的精品圖書。」

與目前流行的大多數網路讀書頻道不同，當當網讀書頻道的定位以服務當當網購書顧客為目標，在購買之前可以免費瀏覽部分章節的內容，做到「看好了再買」，使顧客在購物時有更多的選擇，收穫閱讀的快樂。在欄目設置上，當當讀書頻道更多的是一個純粹以圖書內容宣傳展示為中心的平臺，在以文藝社科類書籍為主的前提下，含概了政治經濟、思想文化、文學藝術、青春時尚、生活健康、心理勵志、親子教育等各類圖書的最新出版資訊、圖書評論以及內容連載。通過當當網讀書頻道，顧客不僅可以瞭解最新的圖書編輯動態及理念，還可以借助圖書評論達成讀者間交流，進而推動中國圖書出版的整體發展。

當當網讀書頻道上線的同時，還聯合全國四十多家主流媒體進行了當當網「年度十大好書」、「十大不該忽略的好書」評選。其中，《風雅頌》等十部作品當選為當當網「年度十大好書」，《推拿》等十部作品當選為當當網「年度十大不該忽略的好書」，並且，當當網讀書頻道還推出了年度十大「山寨書」評選與年度文化事件盤點。

其實早在當當網成立兩年後，就推出了自己的圖書排行榜，經過幾年的運作已經初具規模。當當的圖書排行榜包括各類圖書的細分排行榜，例如每週的排行榜、每月的排行榜、圖書飆升榜、新書熱賣榜等等。而從圖書類別上看，又可分為小說榜、青春閱讀榜、文學榜、傳記榜、社科榜、經管榜、勵志榜、少兒榜、旅遊榜等不同榜單。能夠名列當當的各類排行榜，自然是每個作者和每家出版社夢寐以求的事。

每年當當網年度圖書排行榜發布的時候，就會引起圖書界的廣泛關注。例如當當網「最具影響力年度圖書榜」和「圖書銷售榜」，一經發布就會成為圖書界的風向標，會成為眾多消費者和出版社下一年閱讀與出版工作的重要參考。

當當網圖書排行榜的權威性是讓人無可置疑的。當當網從二〇〇六年開始就坐穩了全球最大中文網上書店的位置，圖書榜的資料統計都是來自當當網自己的銷售資料。據機械工業出版社二〇〇八年的資料顯示，當當網圖書銷量在其所有的銷售商中長期排名第一，而排名第二的網上書店銷售額僅占當當網的三十%。中華書局二〇〇七年的資料顯示，當當網是其銷量最大的書店（包括批發店在內），接近其總體銷量的十%，領先第二名銷量超過三倍。三聯出版社二〇〇七年在當當網銷量則超過排名第二的網上書店五倍之多。全國其他主要的出版社，如電子工業出版社、商務印書館、人民大學、北京大學、清華大學等大學出版社、中信出版社、外研社等均顯示了類似的情況。當當已經成為各大出版社最主要、最重要的一個銷售合作夥伴。

二、中國之勝 超越二〇〇八

中國的痛：汶川之殤

二〇〇八年難道真是要考驗中國人民？本來這是一個讓中國人喜慶的年份，第二十七屆奧運會就要在北京舉行，但是天意難測，二〇〇八年從一開始就不順利，一月南方突然爆發雪災，三月藏獨鬧事，四月奧運會火炬傳遞在國外遭遇暴徒破壞，二〇〇八年五月十二日下午，一場更大的災難來臨了，汶川發生了七．八級地震。面對災難，頑強的中國人民沒有屈服，在黨和政府的領導下，迅速展開搶險救災運動。社會各界也紛紛捐款捐物，支援汶川的搶險救災。

在這個關鍵時刻，當當網也走在搶險救災的前線。當當網立即向災區捐贈十萬元現金進行援助，另外，也宣佈自即日起每售出一本書，再向災區捐贈一毛錢。俞渝表示：「也許這個捐贈並不算多，但在這個眾志成城的時刻，相信每一份力量都代表了對災區人民的支持，也代表了當當網全體員工的心意。同時也希望更多的愛心人士慷慨解囊，共同幫助災區人民渡過難關。」

隨後幾周當當網又進一步增加了捐款數額，透過民政部及殘聯向災區捐贈了二十五萬元現金和價值五十萬元的少兒圖書和玩具，用於災區兒童心理救助和中小學閱覽室的災後重建。同時，當當網還參與了由殘聯和央視聯合發起成立「集善行動，讓災區的孩子們站起來」公益專案，並積極號召各出版社進行圖書捐贈。當當網已聯合長江文藝出版社、童趣出版有限公司、中國紡織出版社、作家出版社等十多家出版社向災區捐贈圖書，這批圖書與當當網此前捐贈的五十萬元的少兒圖書和玩具一道，集中到由鐵道部特批的四節車廂運往成都。

為了妥善處理捐贈圖書的分發事宜，身為川妹子的俞渝在二〇〇八年六月六日赴川，並先後赴仁壽、德陽、彭州等地的若干帳篷學校、醫院和災民安置點，協同殘聯和當地的志工進行圖書、文具、玩具、輪椅、糖果等捐贈物資的發放。

考慮到汶川大地震之後，災區兒童心理重建成為了賑災行動中最重要的一環，俞渝說：「當災難發生後，兒童以其心靈的脆弱性，更容易在面對突如其來的殘酷現實面前遭受心靈的重創，尤其是那些孤兒，儘管有關部門已經對他們展開心理援助，但考慮到人力物力的因素，這一心理干預的效果還是有限的，而災難所帶來的陰影也難以一時間排遣乾淨。」

為了有效配合政府部門組織實施的災區兒童心理危機干預計畫，二〇〇八年六月中旬，當當網聯合長江文藝、接力、新書、二十一世紀、海燕等多家知名出版社發起設立了「當當網讀者捐書平臺」，此舉又開通了一條向災區兒童進行捐贈的綠色通道。

捐書平臺是由出版社和當當網共同讓利搭建而成的，平臺所售圖書的價格均為成本價，從而為廣大讀者提供了一個獻愛心的機會。網友只要在當當網推薦的捐贈圖書範圍內選擇商品，點擊「我要捐贈」按鈕，進入名為「愛心車」的讀者贈書頻道進行結算，即可完成向災區兒童的捐書過程。俞渝表示，當當網之所以為災區兒童捐贈系列圖書和玩具，並搭建捐書平臺號召出版社及網友踴躍捐書，就是為了填補上述心理干預計畫的空白，讓災區的兒童在今後較長時間內能夠淡忘恐懼，走出陰影，這也是當當網作為企業公民所應盡的社會責任。

百年夢圓：奧運之火

二〇〇八年八月八日，舉世矚目的北京奧運會盛裝開演。這一盛事成為讓世界瞭解有五千年歷史的中華文明的絕佳契機，是偉大的中華民族向世界證明自己的又一華彩樂章。北京奧運會提倡人文奧運，宣傳奧運知識，提高人文素養，是人文奧運的重要體現，其中書籍的作用就有了更多的凸顯。

在二〇〇七年，隨著奧運的臨近，無論是孩子、大人、老人都掀起了學習英語的熱潮。英語類圖書、音像的銷量節節攀升，尤其是英語口語、原版原聲資料，以每天幾十單的數字遞增。當當網有關人士表示，為了讓廣大的讀者更好的學習英語，能夠閱讀到更高品質的英語類圖書和聽到好的英文原版電影、歌曲，當當網的編輯人員儘量將實用的、有價值的英語圖書和音像介紹給網友。

到二〇〇八年奧運的氛圍開始加溫，許多出版社紛紛策劃出版與奧運相關的系列圖書。中國出版集團共策劃出版了三十九種與奧運相關的圖書，如《五環旗下的中國》、《何振梁申奧日記》、《奧林匹克宣言》等。

在奧運書籍出版火熱的同時，圖書行銷活動也格外火熱。北京圖書大廈早在二〇〇七年八月八日起就在一樓共用空間黃金位置推出了「奧運主題圖書專櫃」，隨著奧運會的開幕，奧運主題圖書的品種也日益豐富；王府井書店在一樓大廳設立「百年夢想 激情北京」奧運圖書專區，彙集《奧林匹克主義——顧拜旦文選》、《奧運禮儀》等奧運暢銷圖書。當當網也組織了一系列活動，進行奧運書籍銷售。

奧運會期間由於擔心恐怖分子借助郵政快遞從事恐怖活動，政府加強了對郵政快遞業務的監管，當當網也對業務進行了一些調整。當當網發出公告：

按照相關部門指示，為確保奧運期間運輸環節的安全，部分商品，機電裝置產品、電池，類似肥皂塊狀、膏狀，類似麵粉、化肥等粉末狀物品（含化工類產品），不明金屬，裝有各種氣體的密閉裝置，各種液體產品（化妝品、洗髮水、沐浴露類生活用品），於二〇〇八年六月五日始，將不能通過普通郵遞、EMS方式進行配送，給您帶來的不便敬請諒解！

此舉，對當當網的銷售額有一定影響，也給用戶帶來了不便，導致奧運前後幾個月，用戶不能從當當網購買相關商品。這個禁運令直到二〇〇八年十月初才開放。

政府在下達奧運期間禁運令的同時，為了保障奧運期間交通通暢，二〇〇八年七月二十日至九月二十日，北京實行交通限行，這對北京的各行各業都有影響，尤其是物流配送業務受影響更大。為保證奧運期間能及時發貨，當當網採取了以下三個措施：

首先，從製單到生產到出庫，安排專人負責並開闢四小時專遞的綠色通道，保證訂單最快生產出庫；其次，快遞公司每小時提貨一次，並保證在規定的時間內配送完畢；另外，在車輛的準備方面，當當網也有一些相應的應對細節，對於單雙號，當當也通過多備車來解決。由於提貨頻次高，所以快遞用的是小型車，同時由於四小時快遞僅限於四環內，而真正實現高速度的在於快遞的最後一程配送，一般採取電動車或摩托車，可以走街串巷，比較便利。

當當網通過採取一系列舉措，化被動為主動，積極配合平安奧運的口號，與國人一起分享奧運給大家帶來的驕傲和自豪。

第五章

「傳統與現代、網路與資本」的必由之路

任何一個人、一個企業，都逃脫不了時代大潮的滾滾洪流，只有順其洶湧澎湃的潮流，苦練自身的駕馭本領而乘風破浪，才可以成為時代的弄潮兒。無論他過去多麼輝煌，如果不激流勇進的話，終究會連自身已有的財富都喪失殆盡。二〇〇八年，當當網的老師貝塔斯曼全面撤出中國圖書市場，當當網青出於藍而勝於藍，生龍活虎的活了下來，更加的有聲有色，正驗證了傳統必被現代淘汰。當當網在「苦心孤詣、臥薪嚐膽」的發展中，也一而再、再而三擴大和儲備自己的商業資本，這正是一個現代企業必然要走的生存之路。

一、網路爭鋒 實體隱退

網店叢生：是狼？還是虎豹？

當當網成立之初，很多傳統實體書店就意識到網上書店的發展在未來會對實體書店構成巨大的競爭壓力。據說當時開全國書業會議，有些人對李國慶就不太客氣。後來經歷網路寒冬，網上書店面臨倒閉危機，這些人對李國慶的「惡感」又消失了。

喊了幾年的「狼來了」，沒想到從二〇〇三年「非典」以後，網路書店終於邁過了門檻，狼真的來了。網路書店開始大踏步的往前發展，傳統書店開始真真切切地感受到來自網路的撲面寒風。

二〇〇四年當當網與卓越網爆發激烈價格戰，本來這只是兩家網上書店內部的火拼，實體書店開始也是隔岸觀火，後來才發現問題的嚴重性。真是城門失火，殃及池魚，當當與卓越網本來只是互相把仇恨向對方發洩，誰知雙方的流彈把傳統書店打得無處躲避。某業內人士抱怨說，兩家網站不少商品的網上售價早已低過成本，一些小商販現在乾脆選擇網上進貨。一家民營書店的經營者認為，儘管有炒作成分在內，但兩家網站如此規模地「輪番跳樓」，實體書店經營者以後的日子更不好過，消費者會質疑，為什麼網上的書這麼便宜，你們怎麼就不能降價？實體經營的成本肯定要高過網上書店，實體書店再怎麼降也降不過它們。

網上書店這一輪的降價比賽，對實體書店今後的獲利能力提出了更高的挑戰。然而，對實體書店來說更糟糕的是，網上書店不是一天、兩天、一段時間的打折銷售，而是天天打，時時打。尤其是當當網，一段時間通過「智慧比價系統」，宣稱要比其他任何書店的最低價還要再低十%，這對實體書店簡直是惡夢。某實體書店經營者分析認為：「以當當為例，在二〇〇七年以前，當當三次成功融資，後兩次分別獲得一千一百萬美元和二千七百萬美元的風險投資。他們有物質基礎，用融資得來的美元，做賠錢的生意，持續打價格戰，佔領市場份額。」

二〇〇七年，開始出現實體書店要被網上書店衝垮的言論。開始有人指責當當網的如此低價是惡性競爭，有業內人士怒斥當當網：「這樣的打折大戰，所有人都會是受害者，不僅是實體書店，對出版社、書商、作者，甚至讀者，最終都會造成傷害。」有人甚至呼籲國家出臺圖書定價制，杜絕惡性打折傾銷，保護圖書產業。在某些人看來，以當當網為代表的網上書店就是中國圖書業的攪局者，他們自己沒有賺錢，同時也害得別人賺不到錢。

看來網上書店在發展十年之後，已經成為中國圖書業的惡狼。五年之前實體書店經營者驚呼狼來了，那時還只是虛幻的惡狼傳說，而現在狼真的來了，寒光逼人。

二〇〇八年底，暢銷書《明朝那些事兒（六）》的銷售也許是如同貝塔斯曼退出中國一樣，是中國圖書業發展史上的一次標誌性事件。它們標誌著網路書店已經崛起，實體書店節節敗退，中國圖書業的新時代已經到來。

《明朝那些事兒》是網路寫手當年明月的一部講述明史的暢銷書，該書已經出版了五部都非常暢銷，而這第六部的銷售卻引起了眾多質疑之聲。

從二〇〇八年十一月七日開始，《明朝那些事兒（六）》在當當網上實行全國獨家預售，包銷週期長達一個月。海關出版社與當當網達成的協定是，當當網以不低於六九折的價格銷售，同時又可以提前一個月銷售，一個月後該書才在全國實體書店上架。

當當網之所以能優先拿下這個訂單，源自它的包銷，一次性銷售二十萬冊，同時提前給海關出版社全款。定價二十八．八元的圖書，按進價十元算，二十萬冊就是二百萬元，當當網一下付清了，對出版社而言這本書的風險基本是沒有了。海關出版社當然就冒天下之大不韙讓當當網提前銷售一個月，等銷售的黃金期過去之後，才在其他實體書店上架。

得知當當網與海關出版社協定的消息後，一些實體書店憤怒了。廣州一家大型民營書店的老闆說，《明朝那些事兒（六）》是一本延續性很強的書，前五部，實體書店和網路書店都是同時發售的，這次卻不向實體書店供貨，這讓他無法向讀者解釋，嚴重影響了書店在當地消費者心目中的品牌形象；上海一家大書城的銷售人員表示，今年的暢銷書本來就很少，好不容易在年底出現了一本，結果實體店卻拿不到貨，太讓人氣憤；江蘇新華書店一位採購人士也表示，雖然以前也有出版社在網上做過首發，但比其他管道領先的時間並不長，只有一個星期左右，實體店還沒感受到影響就結束了，而這次，海關出版社卻將首發的時間延長到一個月，給實體書店造成了實實在在的傷害。

這次事件只是一個開始，今後這樣讓實體書店非常難受的事件會越來越多。當當網在對實體書店，甚至出版社方面會獲得越來越大的話語權，這必然導致中國圖書業的重新洗牌，未來的懸念還有很多。但是有一點是肯定的，隨著競爭的加劇，鷸蚌相爭，讀者將會得到越來越優質的服務。

巨人退身：別了，貝塔斯曼！

二〇〇八年六月十三日，北京貝塔斯曼二十一世紀圖書連鎖有限公司發表公告，宣佈將於二〇〇八年七月三十一日前，陸續終止其全國範圍內十八個城市的三十六家貝塔斯曼書友會連鎖書店業務；二〇〇八年七月三日，貝塔斯曼集團宣佈，終止其中國書友會業務，即上海貝塔斯曼文化實業有限公司在華的全部業務。

消息一出，輿論譁然，象徵一個時代的貝塔斯曼居然退出中國圖書市場了。一時間報紙上紛紛使用「貝塔斯曼之死」、「貝塔斯曼敗走麥城」之類極為煽情的標題來報導此事。

貝塔斯曼是何方神聖？居然會引起中國方面的輿論譁然。

德國貝塔斯曼集團是全球四大傳媒集團之一，創建於一八三五年，至今已有近一百七十多年的歷史，旗下有六大業務版塊：歐洲最大的電視廣播集團——RTL集團；全球最大的圖書出版集團——蘭登書屋；歐洲最大的雜誌出版公司——古納雅爾；BMG（貝塔斯曼音樂集團）——持有世界第二大音樂公司Sony BMG音樂娛樂公司一半股份。歐唯特提供媒體服務，而貝塔斯曼直接集團通過圖書和音樂俱樂部，一度引領市場潮流。

一九九五年二月，貝塔斯曼和中國科技圖書公司合資建立上海貝塔斯曼文化實業有限公司。一九九七年，它們在上海建立了中國第一個合資書友會，將風靡全球的貝塔斯曼書友會的經營理念引進中國。然而，經過十多年的發展，貝塔斯曼在中國僅吸引了一百五十萬付費會員。「書友會」的形式因為其新鮮感而具有一定的吸引力，按照規定入會時先交三十元會費，入會後每個季度就必須購買一次圖書，否則俱樂部就停止寄發書訊目錄。這一點開始時雖然有吸引力，但是到後期讀者越來越不能接受這種強制購書的規定了。

二〇〇二年，受一貫主張新經濟的貝塔斯曼集團CEO梅德霍夫辭職影響，克利斯蒂安・溫格爾成為中國分公司CEO，他上任伊始便著手推行開設貝塔斯曼中國直營店的戰略。二〇〇三年底，貝塔斯曼收購了北京二十一世紀錦繡圖書連鎖有限公司（以下簡稱「錦繡圖書」）四十%的股份，並成立合資公司，從而獲得了經營實體店面業務的資格，拓展了圖書發行管道。但最後事實證明這是一個錯誤的戰略，最終導致貝塔斯曼錯過了在中國發展網上書店的黃金時間。

貝塔斯曼在中國市場的行銷管道分為目錄郵寄、網上書店和實體店面三種。它的目錄郵寄花費太大，同時帶有強制性，每位書友會會員在收到目錄後必須從中選擇購買一本書，這讓很多中國讀者不習慣，感覺被強迫，結果其目錄最後淪落為讀者上當當、卓越網購書的書單；實體店由於高昂的店面租金而發展有限；至於網上書店，雖然貝塔斯曼也開展了，但是由於發展不得力最終錯失良機。

那為什麼貝塔斯曼這樣百年老字號，而且是世界五百強的企業會在中國的圖書市場苦苦支撐十三年後敗退？原因不外乎兩個，一是水土不服，貝塔斯曼書友會的形式不適合中國人的閱讀心理和購物心理；其次就是受到以當當、卓越網為代表的網上書店的衝擊。

貝塔斯曼也承認自己的敗退中國是由於錯過了發展網上書店的時機。貝塔斯曼集團在宣佈退出中國市場的公開聲明中指出，「中國市場網路圖書銷售的增長和競爭的加劇，讓我們看到錦繡圖書連鎖目前的業務狀況無法適應這些變化，從而促使我們做出了終止業務這一最終決定。」

中國網上書店的發展超出貝塔斯曼決策層的想像，AC尼爾森機構發布的一項研究顯示，中國網上購物的五千五百萬人中，有五十六％選擇網上購書。網上購書已成為電子商務市場中的主要應用，網上書店的最大優勢就是購書便捷和價格便宜，而且可選擇的書目範圍非常廣。

網上書店的火爆給傳統書店帶來了巨大的生存壓力。在美國，亞馬遜網站發展壯大後，七成傳統書店最終被迫關閉。而在中國，面對網上書店的挑戰，新華書店已經顯示出衰落的跡象，雖然目前各地新華書店占零售圖書市場的八十％左右，但由於實體店人員成本高昂，使得新華書店的利潤微薄。

事實上，貝塔斯曼中國一度從二〇〇〇年起投入主要資金和精力建設網上業務，但由於當當與卓越網這些競爭對手方法更靈活，活動更頻繁，同時大打價格戰，貝塔斯曼線上業務發展緩慢，雖然在當時被認為是中國第三位的網上書店，但虧損嚴重。二〇〇二年，貝塔斯曼中國決定回歸傳統業務，結果，貝塔斯曼線上作為中國第三大網上書店的地位沒有守住。根據易觀國際的統計數字，當當網、卓越亞馬遜、中國互動出版網、99網上書城的銷售額均位列貝塔斯曼之前。

真是一失足成千古恨，這種情況下貝塔斯曼對新華書店等實體書店的窘境居然視而不見。面對當當網和卓越亞馬遜通過網路採取低價、低成本策略的時候，貝塔斯曼居然還在一心發展實體店，這種錯誤的經營策略最終只能導致被淘汰。其實正像某業內人士分析的，貝塔斯曼書友會中國業務高速發展之際，正是中國電子商務開始興起之時，如果貝塔斯曼當時能夠預見到形勢的發展，從而果斷地轉型B2C網路圖書銷售業務，那麼當當、卓越網的成功機會很小。

二〇〇七年七月，在《德國之聲》的專訪中，俞渝談了對貝塔斯曼的看法。記者問：「那麼談到另外一家在中國從事網上銷售業務的德國公司、傳媒巨頭貝塔斯曼，現在貝塔斯曼在中國這塊市場上已經淡出大家的視線了，您覺得貝塔斯曼在中國做的算不上成功的原因是什麼呢？」

俞渝說：「我覺得這件事本身非常可惜。貝塔斯曼曾經是我的師傅，在當當剛成立的初期，我去上海貝塔斯曼學習過很多次，我去了貝塔斯曼的庫房，也去看了他們的客服，瞭解了他們的流程，也問過他們在發展過程中遭遇到的困難，我和我的同事們都寫過很多如何向上海貝塔斯曼學習的備忘錄。貝塔斯曼當時有非常非常好的基礎，比我們的規模大多了，後來這幾年這公司就越來越淡出我的視線了，我沒去考慮過他們現在沒有了什麼動靜的原因，因為我考慮當當網本身的事情比較多。但是我猜測，他們對產品沒有把握好是一個重要原因吧？因為我說過，圖書音像產品是一個本土化很強的商品，就算在國內市場，北京、上海、深圳的顧客在有共同習慣的同時，也有很大的不同之處，把握好當地消費習慣是很重要的，如果一個高層決策者拿著一個目錄，但不知道這目錄裡面銷售的究竟是什麼，會給他的決策帶來很大的困擾。我很難想像我去德國主導一家公司，比如說是銷售廚房用品的，如果我不瞭解德國人一日三餐的飲食習慣和烹調需求，我怎麼能夠賣得好這個目錄上的商品呢？」

從俞渝的談話中，可以看出在當當網成立之初，當當不僅從美國的亞馬遜公司吸取經驗，而且也向德國的貝塔斯曼學習，俞渝去上海貝塔斯曼考察學習過很多次。

當當網剛成立時，正處於國內電子商務熱潮期間，同一時期上線服務的網上書店有兩、三百家，後來逐漸都倒閉了，其中貝塔斯曼是當當網早期的主要競爭對手，最初的當當網一邊與貝塔斯曼競爭，一邊學習貝塔斯曼的先進模式。隨後當當網的銷售額以每年一百%甚至二百%的速度迅速擴張，而貝塔斯曼中國書友會在二〇〇三、二〇〇四年的營業額達到巔峰狀態，一・五億人民幣，隨後逐年下滑。到二〇〇七年，當當網銷售額約為六億元，占國內圖書銷售額的二～四%，而貝塔斯曼則無可奈何花落去。最後學生戰勝了老師，當當網把貝塔斯曼徹底擊敗了。

其實回顧這些年當當網與貝塔斯曼書友會的關係史，有一個頗有意味的逆轉。

二〇〇〇年，當當網與貝塔斯曼的併購計畫已經談判了十個月，五十對五十換股，貝塔斯曼準備收購當當，最後李國慶一票否決，因為貝塔斯曼在中國七年沒賺到錢，李國慶實在不放心。

後來二〇〇一年遭遇網路寒冬，當當網業績不理想，李國慶與董事會談判時曾經以辭職相要脅，但董事會的一致意見是，你李國慶只要一走，董事會就將當當清盤，把公司賣給貝塔斯曼。李國慶最終沒有走，原因之一就是擔心董事會真的把當當賣給貝塔斯曼。

經過幾年的發展，當當網與貝塔斯曼書友會之間的力量對比發生了逆轉。二〇〇七年十月，貝塔斯曼在北京召開全球戰略會議，期間與當當網接觸，讓當當網收購貝塔斯曼的書友會業務。據稱，當當網那時提出了兩個條件：第一是必須同意當當網自身十億美金的估值；第二是當當網堅持不要貝塔斯曼虧損的連鎖店業務，僅對書友會估值三千萬美元，另貝塔斯曼還需再出五千萬美元現金。李國慶的這個要求實在太高了，貝塔斯曼不願再出現金，最終打消了讓當當網收購書友會的決議。

二〇〇八年貝塔斯曼退出中國圖書市場，可以說是中國圖書業的標誌性事件，它表明網上書店正在成為中國圖書銷售業務的主要模式，傳統書店將會面臨越來越大的挑戰，如果說貝塔斯曼圖書業務是最先倒下的那張骨牌，那麼隨著貝塔斯曼實體店的關門大吉，更多的實體書店將會面臨同樣的命運。

二、資本世界　痛並快樂

資金儲備：第三輪風險投資

二〇〇六年六月底，當當網對外宣稱，已經從DCM、華登國際、Alto Global三家風險投資基金引入二千七百萬美元資金，出讓十二%股份，同時DCM首席投資師盧蓉（Ruby Lu）成為當當董事會的董事。

二〇〇六年七月二日針對此次融資，當當網發表正式聲明，稱自一九九九年十一月試營運開始到目前，已經獲得兩輪融資。聲明說，「第一輪基金的投資在二〇〇四年已經大部分得到套現，第二輪融資的大部分則作為定期存款還沒有動用；此次第三輪融資的目的是為提高公司抗風險做的資金準備，該舉措將為公司未來發展提供充分財務支援。」

俞渝強調：「公司的業務擴展是成功的，到目前為止，當當的非圖書類產品銷售營業額已占到公司總營業收入的四十%左右。為客戶提供低價、高需求的產品，擁有本地化搜尋引擎的能力和進行策略性的市場行銷，是我們企業營運的重點。隨著新資本的注入，我們對當當網的創新力和在未來繼續保持業界的領導地位更加充滿信心。」當當網此次融資與前兩次不同，這次融資是通過華興資本的協助完成的，俞渝雖然在華爾街金融市場打拼多年，並且當當網拉到的前幾次風險投資基本都是俞渝的功勞，但是這一次她還是選擇專業的融資機構來完成融資。對此，華興資本CEO包凡顯得很有自信，他說：「這就是術業有專攻，細分市場的專業化分工。我們與數百個投資者都保持聯繫，一天要與十幾家VC溝通，對市場上的最新流向、投資者興趣、交易條件的變化都時時清晰，我們對資本市場的瞭解程度超過任何一個企業。離開資本市場多年的俞渝，畢竟不如我們專業機構掌握的資訊全面。」包凡強調，華興資本為當當網解決了制定融資策略、準備推薦材料、與投資者見面、談判等複雜的融資過程，節省他們很多時間和精力。

華興資本充分考慮到李國慶、俞渝想儘量避免自己的股權被稀釋，失去對公司的控股權。因此華興資本為當當網精心準備了推廣方案，重點突出了中國電子商務市場的巨大潛力。融資過程中吸引了一大批頂級的風險投資者和機構投資者，最後的估值超出初始定價範圍五十％，達二．三億美元。最終華興幫助當當網從DCM、華登國際、Alto Global三家風險投資機構成功引入二千七百萬美元資金。並且融資後，當當網創始人李國慶夫婦和管理團隊仍佔有絕對控股權。

在當當網第三次融資中出資最多的是DCM，即Doll Capital Management。DCM是全美國最大的創業投資機構之一，創建於一九九六年，總部位於美國矽谷，並在北京和上海設有辦事處。除美國本土的創業投資以外，公司業務也擴展到以中國為主的亞洲地區。DCM自一九九九年在中國開展投資活動以來，所投資企業已超過十家，包括：前程無憂、中芯國際、中星微電子、99快錢、埃派克森微電子、貓撲、文思創新等，同時也投資了數家中美跨國模式的高科技公司，如：矽谷數模半導體（中國）有限公司、飛塔公司以及Mobile Peak。

DCM之所以重金投資當當網，就是看中了中國電子商務的巨大市場，當當網在中國電子商務領域已經處於領先地位。DCM的聯合創辦人兼主管合夥人趙克仁先生表示，「當當網正在快速成為中國線上零售業的翹楚，另外，當當網的管理團隊已經證明了他們擁有戰勝競爭對手的能力。從長遠來看，電子商務在中國有著巨大的潛力，而當當網正是站在這個領域的最前沿。」

按照融資雙方的協定，DCM首席投資師盧蓉成為當當董事會的董事。盧蓉女士一九六八年出生於福建廈門，獲約翰霍布金斯國際研究院國際經濟學碩士學位，馬里蘭州大學經濟學學士學位。在加盟DCM之前，她在華爾街著名的高盛投資銀行（Goldman Saches）擔任高科技投資銀行部副總裁。在高盛的八年時間，她替美國、日本和中國一些領先的高科技公司在國際金融市場籌資了超過二百五十億美金的資金。應該說盧蓉與俞渝的經歷還是比較類似的，都在美國上過大學，也都在華爾街做過金融業，她們之間有很多的共同語言。盧蓉進入當當董事會以後，必然能為當當提供更多的幫助。所以有媒體評價說，DCM投資當當網，是盧蓉和俞渝這兩個女人之間的擁抱。

盧蓉對俞渝這位與自己一樣的華爾街女強人充滿了敬佩，她高度評價俞渝：「作為創業家而言，俞渝沒什麼能再挑的了。其實本來是可以退休的，她有很多好機會把當當網賣掉，但是卻一直堅持到現在。」也許正是有了這層「英雌」之間的惺惺相惜，盧蓉更加看好當當網，她說：「DCM一定會用五到十年的時間去關注當當網。DCM要做的，就是把當當網推向國際。當當網一定可以成為中國的亞馬遜。」

當當網從DCM、華登國際、Alto Global三家風險投資基金引入二千七百萬美元，完成第三輪融資。一年過去了，這次融資引入的二千七百萬美元還沒有花完。二〇〇七年五月在《中國經營者》的電視訪談中，主持人問起當當網上次融資的錢的用途。俞渝說，錢都沒動。當當網需要額外有一筆錢「拿來買一個安寧，因為在企業發展的過程中間犯錯誤是很可能的，企業越大，犯錯的代價越高，所以當當一定要永遠有一筆錢在那兒，可以埋葬自己的錯誤。」

實際上這二千七百萬美金並不是當當網運作上必需的，融資之後李國慶、俞渝將大部分錢都投在比較保險的國債裡。俞渝是個比較保守的人，她擔心出現意外的情況，「如果有一天主幹線真的發生特別大的問題，就如上次的地震，在中國對海外很多的互聯網中斷，如果這種事情是發生在中國境內，那當當真的被逼要租用衛星來進行傳輸的話，必須要有這個錢。」

在這種資金有餘的情況下，又傳出當當網準備進行第四輪融資。二〇〇七年七月下旬傳出消息，當當網正在與兩家風險投資商洽談總規模為八千萬到一億美元的融資計畫。李國慶對外宣稱：「談判的前提是對當當的估值不得低於十億美元，目前幾方還在接觸中，如果融資成功，當當將出讓十％股份。」

雖然李國慶一直表示：「當當並不缺錢，上次融資而來的錢還沒有用，當當也不想融資」，但這次他還是胃口大開，將當當網的資產總值估價為十億美元。這一估值數字卻引來一片質疑之聲，甚至有人譏諷當當網「既然估值都到十億美元，那直接賣了公司比上市都好。」

一位對當當網非常瞭解的人士分析說，李國慶設定的十億美元估值，幾乎是當當網實際估值的三倍，當當網比較合理的估值區間應該在二到三億美元。針對這種說法，李國慶回應說：「這種說法無視了我們兩年來的發展。」李國慶認為，之前公司的估值在二至三億美元，但是公司一年多來一直高速成長，二〇〇六年當當網的營業額是六億元人民幣，二〇〇七年當當網更是維持著二百%～三百%的增速，這直接提升了公司的價值，十億美元的估值基於目前狀況，十分合理。

應該說，李國慶之所以設定「十億美元」估值額，除了他一向的語出驚人外，有兩重目的：一是希望能借高估值，出售股份獲得一個好價錢；二是為了正在規劃中的赴美上市做足「面子」，估值較高，有利於獲得國際投資方矚目。

經濟分析人士認為，就當當網當前狀況而言，出售股份是無奈但卻合理的辦法。因為當當網自二〇〇〇年至今沒有淨利潤，同時營收規模又不大，二〇〇六年才到六億人民幣，因此，即使赴美上市，以這樣的營收，恐怕會影響其融資額。

李國慶坦承，六億元人民幣的營業額很難提高市值、吸引投資方，而且每年還要繳納可觀的年審費用，不合算。李國慶表示，公司至少要達到二十～三十億元的營收，才會去上市。李國慶還是很希望當當網能夠在海外上市，他說：「當當網不是缺資金才去上市，上輪融資都沒有花完，之所以再次融資，是因為感受到了美國市場對電子商務行業的看好。」

雖然有著強烈的上市衝動，當當網面臨的局面並不樂觀。自一九九九年當當網開通以來，當當網在擴大規模還是獲利兩種選擇下徘徊，一直沒有實現獲利。二〇〇七年一至五月期間，當當網的銷售額均呈三倍增長，但是在這樣高的成長速度下，當當網卻沒有扭轉虧損的局面。李國慶對外透露，當當網的虧損額大約是卓越網的五分之一，即一千八百萬元人民幣。

從這個角度來理解，當當網確實還是需要進行新一輪融資，提高當當網的現金儲備，應對淘寶網、卓越亞馬遜的挑戰。同時要將資金進一步砸向物流、打價格戰等幾個能夠提升顧客在當當網購物體驗的領域，以帶動當當網整體的發展。

或許投資者認為李國慶對當當網十億美元的估價太過離譜，二〇〇七年八月，當當網的第四次融資陷入停滯。李國慶向外界證實：「我們確實在跟投資方談判，但目前並沒有結果。」此後關於進一步融資的計畫似乎擱淺了，一直到二〇〇九年都沒有再傳出當當網準備進行下一輪融資的消息。

金融危機：這個冬天有點痛

二〇〇八年九月，美國百年歷史的老牌投資銀行雷曼兄弟宣佈破產，就像在華爾街扔下了一枚重磅炸彈，持有雷曼兄弟股份和債券的公司和金融機構叫苦連天。這其中還包括分別持有一．九億美元、一．五億美元的中國銀行、建設銀行等幾家國有銀行。雷曼兄弟破產之後，美國金融界風聲鶴唳，紛紛上書政府出錢救市。危機迅速蔓延開來，逐步擴散到實體經濟，隨後福特、通用、克萊斯勒這三大汽車公司告急，美國經濟面臨二戰以來最大的挑戰。

由於美國是世界經濟的主發動機，美國經濟一出問題，後果就將是全球性的。中國雖然較為封閉，仍然受到一定影響。很多在華的美國公司開始裁員或者撤資，南方沿海地區從前主要依靠出口美國的很多中小企業也面臨訂單縮水，開始大量裁員，致失業率上升。專家分析在這種經濟形勢下，應屆大學生和民工將遭遇嚴峻的就業危機，同時多年以來一直是中國經濟增長動力源的房地產也面臨崩盤的危機。面對此嚴峻形勢，黨和政府果斷出手，出臺拉動內需政策，加強宏觀調控，力爭把經濟危機對中國的影響控制到最小。

金融危機的陰影讓大部分消費者的購買熱情大打折扣，這尤其體現在美國，此前一直以高消費著稱的美國消費者開始勒起腰帶過冬。對未來經濟形勢的悲觀估計也讓消費者更願意精打細算、想方設法尋覓「特惠」商品。消費者消費信心下降，導致眾多的行業受到衝擊。

但是在這種經濟形勢下，網路購物由於物美價廉反而出現高走的態勢，整個電子商務界趁著年末消費旺季逆勢發展。業內人士突然驚喜地發現，金融危機正是中國電子商務發展的黃金時間。在這段黃金時間中，在國內比拼多年的B2C電子商城也在集體爆發，當當網、卓越網，淘寶B2C商城生意都異常紅火，京東商城、樂淘網等各種各樣垂直類的B2C商城也躍躍欲試，趁機擴大業務。

俞渝坦言，在當前嚴峻的經濟形勢下，當當不會受到金融危機的太大影響，實際上還面臨新的發展機遇。她說：「在經濟形勢不好的情況下，消費者的價格敏感性更強，選擇當當這種具備價格窪地（優勢）企業的傾向會更強。同時這種經濟形勢也會有利於當當處理與供應商的關係。」俞渝指出，「由於網上書店的帳期約四個月，大大低於傳統書店的回款帳期，新的經濟環境也會使供應商更多地轉向當當這種網上書城。」因此更有利於當當網壓低商品價格，吸引消費者。

從卓越亞馬遜二〇〇八年十二月份的統計資料顯示，金融危機到來後的兩個月中，卓越網的銷售額有較大增長，其中圖書銷售的增長速度已經放緩，而日用百貨的購買人群則不斷擴大。卓越網總裁王漢華表示，「很多原來到超市買東西的人群，現在為了更低的折扣紛紛轉向網路。」看來這一次金融危機對於電子商務而言，又是類似二〇〇三年「非典」時期可遇不可求的機遇。

在這個經濟寒冬裡，當當網和卓越網卻做出完全相反的策略調整。

二〇〇八年十月二十一日，面對逐漸蔓延的美國金融危機，卓越網宣佈結束二〇〇七年六月開始的「零元免費送貨」活動，改為「購物滿三十元免運費」。看來卓越網是挺不住了，準備收縮防守，抵抗正在到來的全球經濟危機。然而在卓越網宣佈「購物滿三十元免運費」政策十小時後，當當網宣佈推出「全場免運費」優惠活動。李國慶說：「推出『全場免運費』旨在進一步降低網路購物門檻。當當網用戶凡選擇普通快遞送貨上門及普通郵遞，不論購物金額大小，均可享受運費全免的優惠。」李國慶喜歡挑釁對手，他說對手怒了，他才更好出牌。所以這次也沒放過機會，他表示，全場免運費策略是出於應對卓越網上調運費的考慮。李國慶的意思是，「我當當要跟你反著來，把你比下去」。

李國慶是個商人，他並不會單純為了鬥氣而做出一個重要決定。當當網之所以敢於實行徹底運費全免的舉措，因為當當網線上銷售的產品組合已經足夠廣泛，規模已經足夠大，因而攤薄了整體營運成本，運費的取消既不會降低對用戶的服務，也不會延遲當當網實現獲利的時間表。在李國慶看來，低價與規模一直是當當網的兩大法寶。由於商品低價的吸引力，所以儘管經濟衰退的傳言囂然塵上，但是消費者並不會減少對日常生活必需品的開支，同時由於當當網已經形成了規模，擁有廣泛的產品組合，所以當當網也不會因為某類行業出現問題就大受衝擊。

憑著上述判斷，李國慶依然看好中國網購市場的前景，特別是中國許多二、三線城市，於是他才敢在這個經濟冬天裡逆勢上攻，開始發動新一輪的降價風暴。利用卓越網上調運費的時機，啟動免運費，爭取消費者的青睞，從而進一步擴大當當網在B2C領域的市場佔有率，最終將對手擊垮。

那麼為什麼面對這樣一次電子商務發展的黃金機會，卓越亞馬遜不是選擇繼續推行持續了一年多的免運費策略，而要在關鍵時刻上調運費呢？有業內人士分析認為，卓越亞馬遜之所以忽然取消堅持一年的免運費策略，與其母公司亞馬遜的獲利縮水有關。由於美國遭遇了罕見的金融危機，所以亞馬遜的營業額受損，面臨危機。華爾街金融危機迅速蔓延，引起了美國商界一片恐慌。亞馬遜的市值在過去的二〇〇八年縮水了近一半，而現在金融危機來了，亞馬遜的業績壓力越來越大。在這種悲觀的經濟形勢下，亞馬遜棄卒保車，希望通過削減部分營運成本，以儘快實現盈虧平衡。

美國上市：迎來收穫的季節

關於當當網準備登陸納斯達克的傳聞幾乎每年都在傳，而且每年的版本都不一樣。最早在二〇〇〇年網路最熱的時候，當時新浪、網易、搜狐等入口網站紛紛在納斯達克上市，引發中國網路概念股上市風暴，當時當當的競爭對手8848也醞釀上市。當當網與8848公司爆發口水戰，有網路觀察家就認為，這是當當與8848在為誰先登陸納斯達克的明爭暗鬥。事實也正是如此，當當網的投資人也提出當當網要在二〇〇一年上市。

可惜人算不如天算。二〇〇一年網路泡沫破滅，各類網路公司都面臨生存問題，當當網的日子也不好過。二〇〇三年，當當網熬過了網路寒冬，迎來了新的發展期，這時上市的衝動再一次湧現出來。

二〇〇四年四月，當當網聯合總裁李國慶在上海參加「二〇〇四中國企業成長高層論壇」時曾對外宣佈，欲在二〇〇五年衝擊納斯達克。李國慶表示，二〇〇三年當當網銷售額達到八千萬元人民幣，而二〇〇四年的銷售額有希望達到三千萬美元，即納斯達克公開募股（IPO）的「門檻」線。

對李國慶的豪言，業內人士分析，目前納斯達克的中國網路概念股中尚無網路購物類企業，因此國內的網路購物企業如當當網、卓越網等在二〇〇三年和二〇〇四年紛紛募得新一筆風險投資後，均開始了大幅度的動作，以期提高利潤和銷售額，早日在納斯達克「風光一番」。不過最終誰能領先一步，市場的反應才是關鍵。

二〇〇五年八月五日，李彥宏的百度在納斯達克上市，發行價每股二十七美元，開盤價每股六十六美元，當日衝破每股一百五十美元，收於每股一百二十二．五四美元，成功募集了八千六百六十萬美元。百度在美國上市的熱潮，再次激發海外金融市場對中國概念股的追捧。這時坊間又盛傳當當網即將在納斯達克上市，但是李國慶公開否定了上市的傳聞。

李國慶表示當當網目前最佳的選擇是自主發展，兩、三年後才會考慮擇機上市。李國慶說：「當當網現在的經營狀況非常好，在此情況下，不想急著上市，而要走自主發展道路。」李國慶把上市定在兩、三年後，他說：「當當網的發展勢頭很好，從一九九九年創立至今，銷售額都以一〇〇%的速度遞增，用戶也突破了六百萬。二至三年後，當當網的銷售規模可達十億元。」

當當網為何不想儘快上市圈錢呢？李國慶解釋，網上購物方興未艾，當當網面臨擴大銷售規模的良機，當務之急是如何夯實業務，而不是上市融資。李國慶說：「上市的最大目的是融資，而當當網現在資金充裕，足以支撐兩、三年的高速發展，上市欲望並不迫切。」

李國慶認為，企業是否上市，需從成本、收益和企業發展階段等多角度來考量。「當當網如果選擇現在上市，可能會圈到一大筆錢，但對公司發展並不一定是好事。因為上市公司必須直接面對來自董事會和投資人的雙重業績壓力，當主業發展遭遇瓶頸不需要加大投資後，如何花掉上市籌集的資金並為大小股東創造價值，就成了上市公司高管的『緊箍咒』。」

李國慶說：「對網路公司來說，創業者與投資者能否達成高度共識，如何正確處理資本的短期行為與企業長期發展之間的關係更為重要，我們必須注重企業自主發展和資本營運的同步協調。這些都需要企業經營者在上市之前做出慎重的考慮，所以，現在談上市言之過早。」

已經多次傳出風聲準備上市的當當網，在二〇〇六年依然「不依不饒」，再一次傳出上市傳言。二〇〇六年年初，當當網對外透露計畫二〇〇六年底或二〇〇七年第一季度上市，市場價值大約在四至八億美元之間。俞渝表示，當當網在電子商務的道路上堅持了六年之久，早在二〇〇五年就已經具備了上市的資格，二〇〇六年即使會存在虧損的現象，但也不會影響當當網上市的進程。俞渝說：「上市是我們對更多投資者的回報舉動，同時也是當當價值的體現。」

看來，這一次當當網是要將上市付諸行動了。坊間甚至有傳聞說，當當網已經完成內部股份的分配工作，總監級別的員工都可以每股四美元的價格獲得二萬股的期權，加上俞渝和李國慶這兩位聯合總裁手裡的股份，上市計畫中員工所占股份將超過五十%以上。

但是到了二〇〇六年底，當當依然沒有上市，這一年六月，當當出讓十二%股份，從DCM、華登國際、Alto Global三家風險投資基金引入二千七百萬美元資金。

二〇〇七年七月傳出消息，當當網股東DCM、華登國際和IDG正與新華傳媒展開收購談判，新華傳媒在一個月前向當當網提出了收購意向。有人就此求證李國慶，李國慶否認了這個傳聞，他表示，「根本沒有聽說過這個公司，當當現在已經做得很大，沒有人能收購，當當的目標是獨立上市。」

當當網最終沒有按照幾年前就對外宣稱的二〇〇七年在納斯達克上市。李國慶解釋說：「原本計畫今年底實現獲利和上市，但現在看來，希望明年（二〇〇八年）收入規模達到十五～二十億元，達到這樣的收入規模意味著就能獲利了。」當當網提出要在二〇〇八年下半年成功上市，李國慶堅持要把公司做到十億美元再上市，他說：「在納斯達克二、三億美元的公司多的是，我上市就是想證明給別人看，自己能做到十億美元市值的公司」。

二〇〇七年過去了，又傳出消息當當網要在二〇〇八年下半年上市，對於當當網上市傳言已經習以為常的人們還在翹首等待。這一次當當網再次讓大家「失望」了。二〇〇八年三月，俞渝在接受記者採訪時談到當當網新的上市計畫，她說：「我們的決定是先上規模，而後獲利。根據規劃，當當網今年的銷售目標是十五億碼洋（編注：指出版物價格的總和），差不多銷售碼洋達到二、三十億即可實現獲利。二〇〇九年大約就可以盈虧平衡，甚至略有盈餘了。實現獲利以後，就可以準備納斯達克上市的工作了。」

看來當當網是鐵了心，在沒把業績做上去之前不會上市。而天公不作美，二〇〇八年在美國華爾街爆發金融海嘯，迅速席捲全球，全球經濟似乎即將進入更加寒冷的冬季。這種情況下，當當登陸納斯達克的時程也會相應推後。李國慶說：「當當網原計劃於今年第四季度實現獲利，明年第二季度在納斯達克上市。現在來看，今年第四季度實現獲利應該沒有問題，上市方面，由於美國股市現在不好，對當當的估值遠低於我們的預期，因此當當網有可能會推遲上市時間。」從當當網「廣積糧，緩稱王」的戰略佈局中，可以看出李國慶、俞渝對上市還是比較理性的，不像某些公司急於上市圈錢。

俞渝認為，上市只是公司價值變現的管道之一，但同樣存在其他管道，什麼時候上市要看公司發展是否有這個需要。「重要的是公司的業績要好，有了好的業績，公司才能有選擇的餘地。」其實做金融出身的俞渝對過早上市的危害看得很清楚，二〇〇六年在電視節目中俞渝談了她對上市的看法，她說：「可我要想的是，當當網更長遠的發展是什麼。一個公司上市了，不見得股東價值就能得到最好的體現。比如你提到新浪，新浪上市的時候大概是十七元，那已經是二〇〇〇年的時候，而現在它的股價不過二十三元。從股東升值的角度來講，沒有升多少。」

二〇一〇年十一月十八日，當當網向美國證券交易委員會（SEC）提交首次公開招股（IPO）申請文件，計畫以代碼「DANG」在紐交所上市發行一千七百萬份美國存托股（ADS）。初定發行區間為十一美元至十三美元，十二月七日發行價區間調高至十三美元至十五美元，十二月八日確定最終發行價為十六美元，高於發行區間上限，以此計算當當網市值為十二．四六億美元，瑞士信貸、摩根士丹利和Piper Jaffray擔任當當網此次IPO的承銷商。

有趣的是，在當當網紐交所上市晚宴上，李國慶初戀女友也正好在紐約。李國慶跟俞渝商量後，把她請了過來，還贈送了一點親友股。這一舉動立刻激發了公眾的八卦心理，俞渝則坦然地說：「國慶的前女友是一個非常聰明也非常出色的女孩，她曾跟國慶一起創業，也應該分享一點當當網的成功。」李國慶則坦蕩得令人驚訝：「當時有一種功成名就後向前女友炫耀的潛意識，曾經我就是受傷了！」

第六章 當當網的成功之道

當當網創立以來，從一個虛心學子長成一個標新強者，他在學習眾多同行、老師的經驗外，始終在尋找適合自己的生存之路，也就不斷的得到創新發展，形成了一套行之有效的經營模式與管理模式，於是有了自己獨特的核心理念所裝備的百煉金剛似的經營團隊，這是支撐當當網強悍生命力、戰鬥力的靈魂。

一、經營探索 自主創新

當當創業：自己與自己的競爭

俞渝說創業最基本的條件是商業判斷力，最重要的是要有資金與營業目標，營業目標比資金重要得多，要找到目標市場，同時要瞭解自己，清楚自己要做什麼，市場目標是什麼。許多準備創業的人缺乏商業判斷力，這樣成功的機率是很低的。所以那些收入不穩定、沒有成熟想法的人或者年齡較大者，與其自己創業還不如打工。

人生確實會有很多關鍵點，其實俞渝的關鍵點跟大多數人差不多，比如考大學、出國、讀MBA、創辦當當網站。在關鍵點的把握上，俞渝覺得沒有什麼竅門，一要果斷，從來不把時間花在瞻前顧後的比較上；二是要行動，在行動中還可以進行調整，失敗了再來，如果只有願望而不去行動，不去生活，那麼你會失去所有機會。有的人事業有成，有的人過得平淡，有的人很幸福，有的人一肚子抱怨……其實，人生就像長跑，差距的形成就在關鍵點的把握上，在這個過程中，誰能夠選準方向，在岔路口果斷選擇，並堅持不懈地向前跑，誰就能有收穫。

在創業的時候，對市場、對前景、對很多東西都會有自我懷疑的時候，也會受到挫折。這時候，俞渝、李國慶夫妻互相鼓勵，彼此說一句打氣的話很重要，因為創業很寂寞。夫妻倆在一起能夠分享成功和失敗，這是夫妻檔有利的一面；但如果是年輕夫妻，小倆口都是獨生子女，一起去做事業，特別是創業，吵架不可避免，如果處理不好對婚姻影響很大。所以夫妻搭檔能否成功，要看個人的素質怎麼樣，在什麼年齡段，兩人承受事情的能力強不強，互相會不會做妥協做讓步。

俞渝、李國慶一開始創業時就意識到，作為一個直接面對消費者的網路零售大賣場，在網上購物對人們而言還是一個很陌生的消費方式的情況下，當當網的發展非常需要媒體和投資人的支持，所以公共關係和投資人關係是個特別重要的項目，而投資人樂意和總裁而不是副總裁進行交流，也是為了工作方便的緣故，俞渝、李國慶選擇「聯合執政」的方式，主要是出於各自擅長的事和工作方便考慮，而不是為了讓夫妻間的權力平衡。

俞渝、李國慶認為，人是資訊產業最寶貴的財富，在一個資訊高度不發達的地方，做一個依賴資訊生存的企業很難。「有用的資訊不標準化，標準化的資訊沒有用」，很多本來應該由製造商、中間商做的事情，需要當當網自己做，但是該做的事太多，當當網做哪件，不做哪件，以什麼樣的費用和成本做，其間的取捨也是很難的。尤其是在沙漠中間建綠洲的時候，到現在當當都沒有想清楚該不該開通電話訂購，比如說現在大家都在網上買東西，有三十多萬個商品給消費者，如果跟顧客說這本《經濟學》和另外一個經濟學家的《經濟學》區別是什麼？客服能說明白嗎？電話訂購說到底還不能給顧客帶來更好的資訊上的服務。

俞渝認為，國外的創業大部分都源於新技術的創新，而在中國，創業與中國日益強勁的經濟增長緊密相關。中國整體經濟實力的強勁增長，使消費者的構成和行為方式發生質的轉變，而消費變化的後面是人口特徵的改變。一個普通的學生畢業後進入公司，從學生到白領，若干年後又從白領成為小資，身份的轉變刺激了更強勁的消費。而走在這同一模式中的龐大人群，必將形成一股巨力，推動中國內需的增長，而這正是創業的土壤。

有了「土壤」後，創業企業家需要有銳意創新的精神，才能結出商業果實。俞渝在當當網的運作中，正是秉持「創新」理念，把「網上購物」從概念發展為實現。

俞渝說過，當當網的市場從一個城市拓展到四個、十個、二十五個、六十多個，當當網必須有新的東西不斷出現，不斷去創新，才能保證及時為如此龐大的群體服務。國外好的經驗當當網需要學習借鑒，但在中國本土發展，創業企業家必須勇於探索，具備市場的創新和冒險精神。簡單拷貝複製別人的做法沒有發展前途，中國本土企業必須在自己的「土壤」上因地制宜。

「創新」不是空穴來風，在每一個細微之處都需要敏銳審視並且迅速實踐。沒有信用卡沒關係，去當當網購物可以「貨到付款」；消費者不知如何在網上購物，當當網推出「新手上路」，用FLASH動畫給大家演示；手機簡訊、郵箱、即時通訊業務（MSN/QQ）發展很快，當當網利用一切可利用的新興方式與顧客溝通（簡訊、郵件、線上文字、語音和視頻聯繫等方式）……在當當，「創新」是全方位的，而俞渝就像心臟一樣，源源不斷把創新的血液輸送到企業的每個環節。

傳統百貨在地面開店，顧客要的是逛店嘗試商品的感覺，而在網上，人們需要體驗的是「網上輕輕一點，東西盡在眼前」的滋味。這包含三個層面：一是便捷，網路本身的特性，以及當當開創「貨到付款」的方式，都為此提供了保證；二是規模，目前當當網可提供三十萬種以上的圖書、音像、軟體、遊戲、數位、化妝品、禮品、飾品的網上銷售，商品「陣容」可謂龐大；三是系統，龐大本身就容易使人迷茫，面對太多的選擇，許多人可能會望而卻步，於是當當力圖提供一種系統、有序的服務，當有人看到一本書後，他可以輕鬆地得到與此書相關的所有資訊，所有資訊都有一根脈絡可循，而且這脈絡是彼此相連的。

事實上，俞渝和她的當當網在創造的是一種新的消費場所和業態，她相信，消費者的「鼻子很靈」，當當「有折扣給實惠」的準則，一定會吸引顧客源源而來。在她這樣定位時，折扣在中國圖書、音像領域還較少被使用，而當當網從初期就把低價作為長期的戰略。他們的商品最多，價格最便宜，這些用五年時間、大量金錢以及無法估量的精力堆砌出來的優勢，使當當傲立於中國電子商務的潮頭。

俞渝認為，所有的商家都是為客戶服務，從某個角度看，客戶的需求是複雜的，而商家的應對策略卻是有限的，起碼在時間順序上，是先有需求，後有服務。這就要求經營者，當他試圖為客戶提供某種服務時，必須要抓住客戶需求的核心，從網上零售看，「更多選擇，更低價格」正是對這核心需求的良好回應。

競爭是動力之源，強大的企業必然脫胎於強大的行業，任何行業都是如此。對當當網來說，成為領頭羊也許並不困難，但對身為企業家的俞渝來說，她同時又是中國電子商務行業的一份子，如何把行業做大做強，也是她不容推脫的使命。

俞渝說：「電子零售領域很寬廣，不是當當網一家的天下，我們關注競爭，但並不懼怕競爭。俗話說『擺攤就要紮堆』，對各個公司而言，競爭是對彼此的錘煉，這是很正常的事。作為網上零售商，當當網願意與其他電子商務廠商合作，歡迎他們到當當擺攤設點，這裡有他們想要的商流、人流，眾人拾柴火焰高，把市場做大，大家都有『蛋糕』切。」

話雖如此，但對手的級別是不一樣的，面對被亞馬遜收購的卓越，俞渝的態度不僅僅是「歡迎競爭」，她的態度更加認真而投入。她說：「當當網有些方面不如卓越，需要學習，比如他們的設計和頁面簡潔明快，他們非常會揭示商品賣點。但當當網也有自身的競爭優勢，我們對本土顧客更瞭解，能夠最大限度地去貼近顧客的需求。」

其實，無論對俞渝還是當當網，最大的挑戰不在於競爭對手，最大的壓力來自於執行能力，也就是「想到能否做到」，這同時也是困擾很多CEO的問題，對大多數企業來說，可能都無法從根本上解決，但俞渝的做法更加務實，她嘗試用各種方法將執行中的貽誤和損失降到最低。她很清楚一點，競爭，本質上是自己與自己的競爭！

豪華團隊：聯合總裁不是夫妻店

近十多年來，在管理學界興起一股研究「公司治理」的思潮。學者們注意到一家成功的公司，總是有一個好的公司治理，有合理的股權結構，有優秀的經理人團隊。「公司治理」這種管理思潮出現在中國民營企業家族化比較嚴重的時代背景下，自然有其價值。尤其是當前中國很多民營企業正在經歷由創始人向「富二代」轉手的過程中，因此很多管理學者也在提倡公司所有權與公司經營權分開，強調要建設一支優秀的專業經理人隊伍。

關於當當網經營模式最重要的一個概念就是「夫妻店」，有一段時間外界對當當網的「夫妻店」模式有很多批評。早期李國慶、俞渝對此也不迴避，李國慶面對外界的追問，說：「我們可以公開對大家說我們是夫妻店，但是有別於大家理解的家族企業。區別在哪呢？第一，在我們的股權結構和公司治理結構上，我們的管理團隊控股，我們有境外大牌的投資人，所以不是家族投資；第二，我們是夫妻店，但是不安排我們的親戚在這個公司工作，所以它不是家族企業；第三，我們的管理決策機制，你看得出來，不是讓一個總監或者副總聽聽俞渝的意見或是聽聽我的意見，不是這樣的。」

俞渝也說：「夫妻店甚至家族企業本身沒有任何錯誤，世界上有很多優秀的公司都是夫妻或者是家族成員共同創辦的。現在對夫妻店或者對家族企業有很多批評，我覺得這些批評不見得有道理，而且作為一個公司不是為了證明哪個模式是對是錯，到最後這個公司對市場、對顧客有價值，能賺到錢，股東能分到紅，這個是最重要的。所以別人說我們是夫妻店，我根本不在乎。但是要作為夫妻共同創業有些問題又比較謹慎，千萬不能在公司形成一種風氣，當當要看俞渝的臉色還是當當要看國慶的臉色，這種風氣要儘量避免，如果國慶負責市場部和採購，那有關市場和採購的所有決策都應該問國慶，跟國慶去商量。」

家族企業有其優勢，但也有其弊端。典型的家族企業如美國的福特公司，早期充分顯示出了家族企業的巨大優越性，但是到老福特晚年，他開始變得極端固執、獨斷專行，拒絕在T型車之外開發其他款式的汽車，這讓福特汽車被通用汽車趕超。這個案例充分說明了在大公司裡建立一支優秀高管隊伍的重要性。

對此，李國慶、俞渝也有充分的認識，他們也認識到雖然當當網是由他們創立的，但是當當網也需要很多優秀的經理人才來打理，他們夫妻倆其實主要負責一些重要的戰略性問題，而公司的具體事務都可以由公司的高管來處理。

二〇〇七年亞馬遜總裁貝索斯訪華期間，當當網作了一次新聞發布會，會上新加盟當當的幾位高管集體亮相，李國慶說要充分的放權，讓自己的高管來管理當當網。這無形之中回應了當當網成立這些年中，外界對當當網夫妻店模式的批評。

當當網給人以「夫妻店」的印象其實是偶然形成的。當時當當網剛成立，按照投資人的要求，李國慶、俞渝擔任聯合總裁，李國慶分管市場、採購、編輯，而俞渝分管技術、人事、行政、財務、物流，彷彿什麼事情都是他們夫妻倆說了算。其實當當網成立伊始就擁有一支豪華團隊，營運總監王曦來自風入松、技術總監海洋來自瀛海威、資訊總監吳迦南來自貝塔斯曼、市場總監閻光來自微軟中國，但是當當網成立一年多就遭遇了網路寒冬，一時間網路公司倒閉的倒閉、兼併的兼併，外界對網路經濟表示懷疑，這影響了這些高管對當當網的信心，他們紛紛退出了當當，另謀高就，所以二〇〇一年底的時候，當當網的高管中就剩下李國慶、俞渝夫婦在繼續苦撐，他們在公司發展中做了更多的工作，留給外界的印象就是當當是夫妻店。

其實當當網一直在對外招聘有豐富實務經驗的高級經理人加盟當當，二〇〇二年六月中旬，原北京西單圖書大廈總經理、北京新華外文集團總經理王宏經正式宣佈加盟當當網，擔任副總裁一職，主要協助處理當當的商品管理、物流、採購業務和運作，之前王宏經在當當網兼職了幾個月之久，與他同時加盟當當的還有原西單圖書大廈的副總經理吳維月。

當時俞渝認為：「王宏經和吳維月兩位先生均是擁有多年圖書業運作和管理經驗的資深專家，在中國圖書業界具備深厚的影響力和感召力，他們的加盟必將為當當注入新的生機和活力。」當時有業內人士評論道：「王宏經和吳維月加盟當當，從某種意義體現出傳統書業和網上書店之間開始了新一輪的資源整合和優勢互補，似乎表明當當網不再僅僅是俞渝和李國慶的『夫妻店』，而是一個有多元化管理團隊的『大賣場』。」

從王宏經的從業經歷來看，在任職於北京新華書店時，他曾負責管理下轄的一百餘家書店，積累了極為豐富的圖書商品管理經驗，在他的領導下，西單圖書大廈曾經創造了三年內銷售額躍升至近三億元的良好業績。他的加盟，無疑使得當當在市場拓展及客戶服務等方面如虎添翼。

上任伊始，王宏經、吳維月即為當當燃起了「三把火」。首先，當當推出「二元看正版VCD、五元買暢銷新書」的優惠活動，以鼓勵廣大讀者嘗試網上購物；接著又以「上當當網站，贏尊寶音箱」、「當當VIP顧客答謝計畫」、「全場買三十送十」等活動，這些讓利促銷活動都使當當網人氣提升，業績不斷上漲。

但是好景不常，俞渝發現這幾位國有書店的高層，並不像外人所設想的那樣能力超群，他們其實有些地方表現不如私企或者外企中的高管，在他們的領導下，當當網走了一些彎路，半年後俞渝感覺再讓他們領導下去對當當的未來不利，於是「厚著臉皮」把他們給「請走了」。

二〇〇六年七月俞渝在北京接受《華爾街日報》記者丁傑生（Jason Dean）的採訪時回憶了此事。丁傑生問俞渝：「作為一名經理，你曾經做出的最困難的決定是什麼？」俞渝回答說：「解雇高級管理人員是一件困難的事情。我曾從中國最大的書店聘用了三名管理人員，我想由於他們管理過中國最大的書店，他們一定非常瞭解我們的一整套流程，但效果並不好。我沒有意識到他們之所以能夠建立起最大的實體書店，實際上是因為他們掌握著大量的國有資產和資源，因此他們對營業額、折扣等事情並不很重視。經過了大約半年後，我意識到不能讓這種情況繼續下去。我們沒有達到目標，他們的下級感到無所適從，因為他們不做出決策。但要解雇一位比我年長十五歲的人很難，我為此排練了許多遍。」

為了發現真正適合當當網的高管，李國慶、俞渝一直在不斷地招人，合適的就留下，不合適的就辭掉。在戴修憲、蔣涇、陳騰華加盟當當網的二〇〇六年，當當網有一次規模較大的裁員。二〇〇六年十一月，加盟當當網三年之久的副總裁高翔離職，去往搖籃網，此外還走了兩個副總裁，主管音像的姚丹騫、主管物流的倪雅琴，據說裁員總人數大概在二十人左右，此事也讓俞渝在員工心中留下了「喜歡開除人」的印象。俞渝認為：「在當當網的發展過程中，我們也會淘汰一些不太適合當當的人，當然也會尋求一些我們需要的更有能耐的人。我們會通過流程重組來實現人力資源的優化和配置，甚至有時候我們還會有一些空降兵。當當正在逐步建立起一個自己的管理隊伍。」

面對外界的批評，俞渝後來也一再強調當當網不是夫妻店，她說：「我們公司的總監、高級副總裁，他們能夠決定的事情非常多，他們的權力也很大，他們手裡控制的預算和資源往往比我還要多很多。他們不會因為聯合總裁是兩口子，就覺得他是一個外人，插不進第三腳。」李國慶、俞渝的當當網雖然是由他們夫妻倆一手帶起來的，是他們的孩子，但當當網絕對不是「夫妻店」，他們希望更多有才華、有能力的高級經理人加盟當當網，為中國電子商務開創出一片新的藍海。

二〇〇七年六月四日下午，為了高調對抗亞馬遜總裁貝索斯訪華，當當網召開媒體見面會，在會上，李國慶、俞渝帶著當當網的新管理團隊公開亮相。其中，最引人注目的是二〇〇六年下半年來加盟當當網的三張新面孔：首席技術官（CTO）戴修憲，分管財務、物流、法務、人力資源、行政的副總裁蔣涇，以及分管市場行銷的副總裁陳騰華。

在新聞發布會上李國慶介紹說，當當網還有一位將於六月底正式上任的副總裁，該副總裁負責物流採購方面的業務，之前主要是從事大型採購業務，但目前暫時不能透露，主要是由於該副總裁目前還未到當當網正式上任，為了避免給其個人造成麻煩。後來證明這位被李國慶稱為「傳統零售業重量級人物」的「神秘」副總裁是裴彥鵬。

三位正式加盟的高管中，戴修憲屬美籍華人，畢業於美國南加州大學，曾任職於埃森哲諮詢（Accenture）、eBay、甲骨文、雅虎等跨國網路公司，先後擔任資料庫工程師、資料庫架構師、技術顧問和地區電子商務工程負責人等職位；於一九九九年在eBay只有一百五十人的時候進入eBay總部工作，負責技術的相關工作，在eBay發展到八千多人時，因為渴望更高層次的挑戰，他轉入雅虎，負責雅虎電子商務業務的組建，全面負責雅虎香港和臺灣的平臺對接和整合等工作。

在eBay在香港和臺灣被雅虎打敗後，考慮到發展空間太小，而且網路下一個熱點在中國大陸，為了抓住中國的機會，戴修憲最終還是選擇了中國市場。通過半年和李國慶、俞渝的接觸，覺得在理念、方向上雙方很一致，而且當當網又是B2C領域最大的公司，所以就來到當當網。

戴修憲說：「我剛來的時候，主要做的事情是新平臺的搭建，當時的平臺已經使用了五年，而且擴展性很有限，所以我們從系統性能、可擴性和UI的角度進行新平臺的搭建，經過半年多的努力，現在系統訂單增長三至四倍，而且系統保持穩定的營運，我們最終目標是系統容量可以達到一百倍的擴張。這個速度看似超乎想像，但非高不可攀。可以參照的一個例子是eBay。eBay在初期每天上傳商品數量是七、八萬件，但是在我離開eBay時，容量已經達到每天八百萬件。」據戴修憲介紹，目前當當網的技術團隊已由一年前的二十人擴展到一百多人，「我們現在相當於一面開著時速六十公里的車，一面在更換輪胎。」

至於另一位副總裁蔣涇，早年畢業於重慶商學院會計系，曾任職於重慶五交化集團、美林化工原料有限公司、重慶家樂福連鎖超市有限公司、家樂福中國總部和華潤萬家有限公司，先後擔任會計主任、財務主管、財務經理、專案組主管、內部審計經理、內部審計總監和財務與控制高級總監等職務，他到當當後主要分管財務、物流、法務、人力資源、行政。從蔣涇的從業經歷來看，他在家樂福只有十億元年銷售規模時加盟家樂福，在高速擴張期間負責重組業務流程、建立ERP系統、把當時的分散管理轉變為集中管理、建立全國中央付款系統，從而支持使家樂福的年銷售額達到了一百多億。之後，他又加盟華潤萬家。經過幾年的迅猛發展，華潤萬家已從當初的年銷售額三十多億增長到現在的一百五十億。

蔣涇說：「我到家樂福、華潤萬家時，連鎖經營的現代零售模式開始逐漸取代傳統的零售商，這期間我意識到，市場規模的擴展越來越取決於模式的創新和公司的實力，而電子商務比傳統零售會有更大的發展空間。儘管二者的發展軌跡很相似，但是電子商務會發展得更大，速度更快。因為這個原因，我選擇進入該領域的領頭羊當當網，當當網一定會成為中國網上家樂福的。」

三位高管中的陳騰華也擁有一份顯赫的履歷，他早年畢業於清華大學電子物理與光電子專業，曾任職於寶潔中國有限公司、雀巢中國有限公司、可口可樂中國有限公司、新浪網、諾基亞（中國）投資有限公司等國內外一流企業，先後擔任區域經理、產品市場經理、消費市場經理、新浪熱線副總經理、個人產品事業部總經理、市場總監、零售終端發展部總監和遊戲事業部經理等職務。多年的從業經驗使得陳騰華對市場行銷有著深刻的理解，並且能夠用國際化的視角去看待品牌管理與市場行銷在建立本土品牌過程中的作用。

作為新浪網第一任市場總監，陳騰華策劃並實施了新浪網早期品牌的建立，並最終使新浪成為網路門戶的第一品牌。陳騰華說：「加入當當網一方面是我頑固的互聯網情結的作用，另一方面也是因為網上零售現在所表現出的廣闊前景。和Hubert（戴修憲的英文名）一樣，我也一直任職於處於行業領導地位的公司，相信當當網作為網上零售的領頭羊，能給我很大的空間。同時我也期望把當當網塑造成為中國最有價值的品牌之一。」

從戴修憲、陳騰華、蔣涇三位高管的加盟，以及隨後到位的裴彥鵬，可以看出當當網的戰略調整，當當網正在從網上書店向網上超市轉型，所以不斷吸收具有實體超市、跨國公司管理經驗的專業經理人，希望利用他們豐富的經驗，為當當網尋得一個繁榮的未來。

李國慶表示，當當網的主要副總都已經基本到位，他本人將充分授權，絕不插手副總裁管理範疇方面的任何事務和決定，除了重大的戰略決策，這其中包括李國慶原來一直掌管著的圖書、音像和數位等方面的業務。放權後，李國慶感覺比以前輕鬆很多，這樣他自己就會有更多的時間和精力來考慮戰略性投資業務。

俞渝驕傲地宣稱：「當當網已經組建起處於高速成長期的管理團隊，我的直觀標準是，當當第二層次團隊的人衝出來能把對手第一排的人砸懵；當當第三階層的人衝出來，能把對手第二排壓住。」俞渝很滿意這個團隊組合，「合在一起，當當團隊對外、對顧客和市場非常敏感；在內部，當當團隊脾氣、技能、工作方式可以互相彌補，溝通順暢、效率高。」她說，「當當過去一年的成績，不僅僅限於銷售額增長迅速、顧客購買頻繁等，在於我們搭建了這個團隊，現在做到這點，我非常高興，也非常驕傲能向大家展示我們這個隊伍。」

有一點必須指出的是，其實這次亮相的三位高管，並不是在新聞發布會前夕才加盟當當網的，他們在當當網工作已經有半年之久了。例如分管市場行銷的副總裁陳騰華在二〇〇六年十月末就由諾基亞中國遊戲事業部經理職位轉投而來，而戴修憲其實加盟當當網正好一年時間。李國慶、俞渝在這個貝索斯訪華的時候，把其實已經加盟當當多時的幾位副總裁拉出來與媒體見面，當時無疑是為了證明自己不但可以跟卓越網相抗衡，而且可以做得更好。

核心理念：顧客決定企業的命運

「顧客導向」是管理學的一個概念，在上世紀六〇年代提出。這種理念強調以顧客為中心，企業將顧客滿意作為企業的主要目標，企業必須著力去分析顧客的需求，然後根據顧客的需求調整企業的發展方向。用俞渝的話說就是，「是顧客決定這些企業的命運，而不是我們這些CEO決定企業的命運」。

俞渝認為：「我覺得公司該往哪走，既不能聽投資人的，也不能聽媒體的，公司該往哪走應該聽顧客，聽市場的，因為無論是投資人還是媒體，大家基本上都是往後看，所有人的視力都是一．五，都能講得頭頭是道，但是往前看一定是顧客講得最好。」當當網的經營模式與管理理念是以「顧客導向」貫穿始終。在日常工作與對外講話中，李國慶、俞渝經常提到「顧客導向性」，可以說正是「顧客導向性」給當當帶來了一個繁榮的局面。

作為一個電子商務網站，李國慶、俞渝經常要問問自己：「為什麼顧客會在你的網站購物？」所以當當網必須要研究顧客的購物心理，同時要儘量多與顧客進行交流，及時瞭解顧客的需要。

俞渝認為，文化市場、零售市場是以消費為主的高度本土化市場，每個地區消費者的消費心理和消費習慣是不同的，如果企業不能首先認識到這一點，那麼企業就無法生存。俞渝分析說：「北京、上海、深圳的顧客在有共同習慣的同時，也有很大的不同之處，把握好當地消費習慣是很重要的，如果一個高層決策者拿著一個目錄，但不知道這目錄裡面銷售的究竟是什麼，會給他的決策帶來很大的困擾。」俞渝認為，德國出版大鱷貝塔斯曼之所以在中國苦心經營十幾年後還是敗走麥城，就是因為貝塔斯曼不瞭解中國讀者的購物心理，把用在美國、歐洲的一些營運模式搬到中國，結果水土不服。

當當的「顧客導向」特別強調不同顧客的特殊購物體驗。當當網在線下還專門聘請了第三方的調研公司，有償雇用一批「特殊顧客」，讓他們特意訂購卓越亞馬遜等其他電子商務網站的商品，以採集各種網路群體在不同購物網站購物的感受，並對與顧客有關的資料資源進行深度開發。

基於多年對顧客購物需求的分析，當當網逐步調整了佈局，可以說當當網一站式網上購物中心的定位就是顧客導向的結果。當當網發現，一個顧客可能既有買書的需求，又有買化妝品及買手機的需求，而最初的當當網只能買書，如果顧客想要購買其他用品，只能去別的網站，這肯定會增加顧客網上購物的難度，這就不符合網路購物的特點。正是看準顧客的這一需求，從二〇〇五年起，當當網開始轉型，由網上書店向日用百貨業務拓展。到二〇〇八年十月，當當網網站正式改版，將服飾、家居、美妝、母嬰、數位、家電等等諸多購物頻道與網上書店並列起來。當當網要做全球最大的中文網上購物中心，要讓顧客享受到一站式購物的服務，給網上購物提供最大的便利。

當當網逐步調整佈局的另一個體現就是當當網在瞭解用戶需求後逐步建立了自己的書評體系。當讀者在網站上瀏覽新書時，讀者並不知道哪本書好，哪本書流行，他們需要網站給出具體的指導。通過閱讀由其他讀者發表的書評，讀者能大致瞭解一本書的品質，然後再決定是否購買。

此外當當網為了方便讀者，還設計了一個獨特的推薦功能。當當網通過龐大的資料庫記錄下讀者在當當的瀏覽歷程，然後向準備購買某書的讀者推薦購買了這本書的讀者還購買了什麼書。這樣既節省了顧客的時間，又對顧客的購書產生有針對性的幫助。

當當網追求「顧客導向」一個重要體現就是提前去判斷市場的需求。市場總是千變萬化的，一個成功的公司老總必須具備的基本素質之一就是預判市場的能力。俞渝提到一個例子，二〇〇八年當當網上賣的母嬰用品賣得非常火暴，甚至有不少產品出現缺貨的現象，俞渝對此有過準確的預估。身為媽媽的俞渝發現，從二〇〇七年開始，社會上流行二〇〇八年生寶寶抱金豬的說法。俞渝估計二〇〇八年會是一個出生率的高峰年份，於是從二〇〇七年開始當當網就投入大量人員進行準備，二〇〇八年初正式推出母嬰頻道，結果事實證明二〇〇八年的新生兒比例是往年的二倍之多。在這個基礎上，俞渝進一步判斷「這一批新生兒帶來的也不只是二〇〇八年母嬰的火暴，隨後的幾年還會帶動少兒讀物、玩具等旁帶業務的發展，這是一個鏈條性反應。」對此俞渝總結說：「對市場、需求做出準確的判斷，是現在市場對每一個企業提出的新的要求。因為市場競爭越來越激烈，顧客需求越來越多、要求越來越高，每個企業必須要順應市場的變化，滿足顧客的需求才能獲得快速的發展。」

按照管理學理論，「顧客導向」的一個重要內涵是企業必須從爭取顧客滿意逐步上升到爭取顧客忠誠。因此，當當網非常重視顧客的購物滿意，具體做法包括：

第一是提升服務品質，儘量去為顧客網上購物提供方便。當當網的「大而全」體系的建設，一站式購物體系的建設，書評體系的建設，貨到付款的體系建設，物流體系的建設，都是為了要方便顧客購物，讓顧客滿意。俞渝說：「實際上，不管是以傳統的手段，還是以IT和互聯網的手段，電子商務的B2C領域始終屬於零售業範疇，而這一行業要求企業必須注重顧客的需求和感受。顧客對商品價格很敏感，當當就推行『低價，再低價』的策略；顧客希望有更多的商品選擇，當當就把『大而全』作為長期戰略；消費者購物的同時更希望得到優良的服務，當當就把力量放在抓好服務上。」

俞渝認為電子商務企業要讓用戶滿意就必須要提供顧客實體店享受不到的服務、低價和更多商品選擇，同時對消費者意見比較大的問題，當當網也必須及時去處理。俞渝曾經批評傳統書店十幾年來進步非常小，對讀者反感的地方少有改進；而當當網總是真誠面對顧客批評，顧客對當當網最不滿的就是它的物流配送速度，在網上有很多批評。

對此俞渝坦言有好幾年當當網並沒有把讀者的批評真正落實：「有好幾年，顧客非常嚴肅地批評當當送貨太慢，我們一直不以為然。我的想法是，當當賣三十萬種產品，你要求當當網跟賣一、兩千種東西的網站送貨速度一樣那不實際，我們當當就是送不快，因為當當網東西多。」後來俞渝發現，當當網對於送貨速度的態度一個是錯誤，一個是傲慢，當當網開始感覺到送貨速度真的非常重要，於是就開始狠抓送貨速度，開始逐步在各地物流提速，用戶對當當網的送貨速度越來越滿意，批評的聲音越來越少。俞渝表示：「我很後悔為什麼不早點聽顧客的。」

第二就是要注重誠信，李國慶認為，誠信問題已成為電子商務發展的主要障礙。當當網非常重視所售貨物的品質，公開承諾「假一賠一」，讓顧客在當當網放心購物。二〇〇六年當當網C2C平臺「當當寶」中途夭折，就在於李國慶、俞渝發現其中可能存在大量欺詐行為，會讓消費者的利益受到損害。李國慶、俞渝曾經多次批評淘寶網和易趣上存在很多的假名牌。二〇〇八年當當網向網上購物商城邁進，其中吸收了一部分其他的專業店，當當網對這些店鋪的一個要求就是出售的都必須是正牌產品，絕對不能夠讓消費者受損害。

正是由於當當網的努力，當當網贏得了網上購物用戶的信賴，當當網多次榮獲「最佳購物網」稱號，也成為中國B2C電子商務界一個響噹噹的品牌。

在爭取顧客滿意的同時，當當網也逐步爭取顧客忠誠。俞渝認為，網路上消費者從一個購物網站到另一個購物網站非常容易，「只要滑鼠輕輕一點，就過去了，非常方便。所以，在網路上，你的顧客很容易成為別人的顧客。」道理是相同的，只要當當把服務、誠信做好，那麼別人的顧客也很容易成為當當的顧客。

在提高顧客忠誠度方面，通過設立VIP會員，使得在當當網購物越多的顧客，就能在當當網享受更大的優惠，這樣就很容易留住老顧客。另外當當網定期往顧客的電子郵箱發送當當網購物資訊，給顧客營造一種親切的氛圍，從而確保自己顧客的忠誠。二〇〇八年六月，中國互聯網路資訊中心發布了《二〇〇八年中國網路購物調查研究報告》，報告顯示，從用戶忠誠度方面來說，當當網已成為淘寶網最大的競爭對手。

俞渝對當當網核心競爭力的解釋是，作為一個商店，非常關鍵的能力是商品的結構，有多少種可以賣的東西，這些東西是否價廉物美。每當談到沃爾瑪，它的規模非常大，商品組織、貨源組織是非常重要的，當當網是賣音像、圖書、影碟等多種商品，並且非常講究品種。「當當網講品種，品種，還是品種！」這是俞渝常說的一句話，當當網賣的是資訊產品，一本食譜，給讀者五個選擇、五十個選擇，或是五百個選擇，含金量是不一樣的，當當網給顧客更多的選擇，這是當當網零售很重要的一個核心武器。

對於顧客可以有更多選擇且獲得更低的價格，是兩個非常根本的策略。更多的選擇就是有很多的東西讓大家挑選，更低的價格就是長期保持在價格上的競爭力。價格對顧客是直接的優惠，買同樣的商品，誰都願意買便宜的。尤其是音像圖書同質化的商品，同樣的紙張、同樣的構圖、同樣的內容，誰的價格便宜就是對顧客很大的優惠，顧客會回頭，這樣生意就會越做越大。更多的選擇、更低的價格、更好的購物體驗，就是當當的核心競爭力。

實際營運：從關鍵到細節

俞渝至今把當當網背景歸於其成功的關鍵之一。科文公司是當當網上書店另一位總裁，也是俞渝丈夫李國慶一手創建的最具價值的傳統資源，至今已擁有十多年的出版發行經驗。科文與北京市版權局共同建立版權代理機構，並投資海外的專業出版領域，是由北京科文劍橋圖書有限公司、科文（香港）出版有限公司、北京科文國略資訊技術有限公司三家註冊公司組成，具有雄厚的書業基礎，而這也正是當當的競爭對手們所不具備。由此甚至可以解釋為什麼現在的圖書電子商務只剩下當當與Bolchina，而Bolchina的背後站著圖書業一位真正的巨人貝塔思曼。在當當的管理人員中，有很多人從事圖書行業多年，有豐富的行業資源；當當有幾百個供應商，其中一些大供貨商與當當有緊密的戰略聯盟關係，比如新華書店總店等，對當當的豐富品種產生了非常大的作用。

當當能夠成為黑馬的另一因素是其領導層的穩固。當當的兩個聯合總裁是夫妻，外界當然可以據此笑稱當當開的是夫妻店，然而這又有什麼不好？在新浪、網易、8848們相繼因為領導層紛爭而元氣大傷甚至走向死亡的時候，當當的兩個聯合總裁依舊穩固，從而也保證了企業的平穩發展。俞渝說：「不但當當領導層穩固，而且內部也相當穩定，內耗是中國企業的大敵！」

俞渝稱當當網成功的另一個關鍵是它的戰略和定位非常明確：「一直在做B2C，從賣書開始再增加賣其他商品。很多公司從B2C到B2B，到賣整體解決方案，什麼都做。一個公司的核心競爭力需要集中，也需要時間培養。當當一直很專注。」這與另一位現在也比較成功的卓越電子商務公司CEO王樹彤的理念不謀而合，她認為在業務拓展時要講究「保齡球策略」，主要業務就是第一個球，擊中它才能推倒後面的球，打偏球很難得滿分。

反面的例子是8848（沒分家以前的統稱），這家以世界最高峰珠穆朗瑪的海拔來命名的電子商務公司，在今年初就宣稱年底會獲利，五月還公告它的加盟連鎖店已達五千多家，現在卻陷入困境，而在此前，8848經歷了太多的人事與業務上的變化，在使旁觀者眼花繚亂與歎息的同時，也把自己推向了懸崖邊緣。

當當的另一個成功經驗是控制好業務的細節，以使其跟上當當的發展。手段包括控制預算（小到乘車費用的報銷、大到各個部門的費用與銷售額比例關係）、各種制度建設（對供應商結算的程式等）、加強全公司的成本意識以及向傳統行業學習等。對於俞渝及大多數在去年網路熱潮時開始創業的CEO們來說，這其實是最痛苦的一步。在網路被泡沫推動下狂飆突進的那一年裡，人們已經習慣了神話、奇蹟、偶像、做秀等辭彙，CEO們很難甚至不會轉換心態習慣一種內斂的、關注細節的工作方式，而不習慣的結果就是被淘汰。這就是實力派CEO與演技派CEO的區別，俞渝恰恰是前者。

俞渝對自己該做什麼、不該做什麼一直很清楚，當當網最初是從全球最大網上書店亞馬遜學到了成功竅門，這些經驗包括書籍品種要齊全、爭取老客戶回購，還要堅持賣資訊密集型、易包裝的產品，但同時，俞渝不像亞馬遜一樣，連傢俱都賣。用俞渝的話說，他們「不賣傻、大、黑、粗的商品」。

俞渝一向以亞馬遜為當當的參考對象，這位女總裁稱自己最擅長「學習」，並相信這種素質對公司很有用。但是，亞馬遜正是由於追求「大而全」，無度擴張導致資金周轉斷流，才淪入負債累累的境地，今天，亞馬遜已經開始縮短業務線，做「減法」而非「加法」。事實上，當當的二十萬種產品中，每月能流動的僅有三十~四十%，雖然這有待證實，俞渝對於這個頗尷尬的問題迅速應對稱，當當把流動大的貨物存放在自己的倉庫，而難流動的被放在供應商的庫房裡，「有需要時才去提」。在經營中類似於這種修正有很多，比如俞渝曾經很堅定地將與銷售額沒有直接關係的一些東西砍掉：比如內容方面，儘管網民對網路小說的原創板塊欣賞有加，但她還是堅絕地把它停掉：「留著只會增加伺服器負擔。」

回頭去看，當當網其實也有很多教訓，俞渝對當初網路熱潮時當當燒掉的很多錢非常惋惜：「要是那些錢能夠省下有多好，現在可以做很多事情。」當當另外一個教訓是最初對人員的招聘，當時作為一個網路公司以網路人員的標準招聘員工，結果後來都很不滿意，因為他們對傳統行業太不瞭解了，而當當網上書店實際上是一個傳統行業成分占很大比例的企業，這個教訓是深刻的。當當後來進行人員換血時曾引起外界非常大的議論，但不換又不行。

從當當網的情況來看，似乎中國電子商務業已經漸漸露出了些許曙光，雖然有一些企業倒閉了，但大浪淘沙無論如何也是正常的，如果企業經營沒有大的失誤的話，實際上中國電子商務企業的客觀環境正在變好。這一點不容置疑，原因包括：中國的網民正在增多，越來越多人認識了網路，即使在偏遠的小縣城也有網咖存在；電信越來越發展，頻寬增大；信用消費環境也在變好，更多的銀行開始介入網路業務；電子商務的細節也在變好，就拿配送來說，原來北京才一、兩家配送公司，現在已有六、七家公司加入競爭。

從當當的發展可以看出，對於現在的網路企業來說，要生存下去不需要奇蹟，但要活得好必須從關鍵到細節上少犯錯誤。

二、他山之石 可以攻玉

當當的開拓：「美國模式」的創新拷貝

電子商務絕不是僅僅把傳統商業搬到網上去走一圈，更重要的意義在於，利用網路公司能為客戶創造什麼樣的新價值和新服務，在這一點上，作為國內最大的網上書店，當當網的做法甚為出色。

對於處在草創時期的電子商務來說，書籍無疑是最適合網上銷售的商品，首先書的交易量和品種都非一般商品可比，對於實體書店來說，一家小書店要備齊不同專業的圖書品種，經營風險就會成倍增長，但是對網上書店來說就不同了。由於顧客群足夠分散，數目也相當可觀，網上書店書籍的配備齊全、客戶的地域和興趣分佈之廣就成了傳統實體書店所無法比擬的優勢。網上書店這樣的業務對於美國的消費者來說可能只是錦上添花，但在中國開展這樣的業務對地處偏遠的消費者來說則成了雪中送炭，每天當當網上書店甚至都會收到許多來自新疆和西藏的訂單。這樣的服務還不到好壞的層次上，只是一個有無的問題。

俞渝認為，美國網路商業的某些模式可以拷貝，如一些著名的網路公司給顧客提供的服務非常好，當當網的圖書查詢做法就是取自國外的經驗，當當在研究美國、德國、英國等國的商業圖書分類法之後，才歸結出四十九個大類、二千個子類的方法。但在另一方面，美國的許多模式的確無法複製，例如美國電子商務網站的庫存周轉率奇高，一年高達數十次，當然這也歸因於其發達的運輸體系，一個訂單經過二十四小時，就可以從批發商那裡得到貨物。

當當把自己的商業模式比喻為一個「網上零售大賣場」，它與郵購或者電話銷售的區別就在於前者由郵購公司工作人員或者話務員接訂單，而網上書店則是客戶在網上一個一個地製造自己的訂單；另一方面，郵購公司的目錄裡一般只包含著成百上千個商品的資訊，而當當的伺服器加上頻寬，可以儲存幾十萬本書的資訊，許多客戶在傳統書店無法滿足的需求，在網上可以輕鬆實現。

利用網路這樣的手段，當當網把這樣的一個零售大賣場在虛擬空間裡實現了無限延伸，客戶可以在任何時間、任何地點得到服務。許多出版商現在都爭著要上當當的主頁，因為這樣做無疑增加了一本新書的曝光度，雖然讀者可能就近去買這樣的一本書。另外，許多人買書時並沒有明確的選擇，但是在相應的目錄中能作出最好的選擇。例如，當當在網上促銷《丁丁歷險記》，幾天內網上一下子出現了讀者發表的六十多篇書評，許多成人在看完這本書的書評之後，也加入了購買的行列。最終用戶的書評不僅能夠在網上進行有效的溝通，資訊真實直接，而且作為一種購買指南，避免了任何「推」的商業色彩，客觀促進了好圖書的銷售。

與美國的亞馬遜網不同，由於商業環境、社會環境等的差異，當當網許多事情是從頭做起。對於美國亞馬遜網來說，資料庫在市場上可以買到，而當當網建立自己的資料庫前後花了三年時間，對於當當網進入網路商業領域，做資料庫很像是「為過一條河而自己架設一座橋」，而且在網上售書之前，當當網已經擁有像圖書零售店、圖書館和出版商等幾百家機構用戶（當當網向它們出售其可供書目資料庫產品），俞渝最愛苦思冥想的是如何把握住國內讀者和客戶的需求，什麼樣的業務可以在網上做，增值服務在哪裡。對於一家網路公司來說，只要有客戶利益、成本控制得當，一定就是好的商業模式，就有存在的價值，而且能成為成長性的公司。

網路商業的價值在於創新，在此基礎上不斷滿足客戶新的需求，甚至客戶的某種需求不是很顯著，也能將這樣的潛在需求發掘出來，進而用新技術去創造需求。僅僅把傳統商業搬到網上走一圈遠遠不夠，網路也不只是用來減少中間環節、降低交易費用的工具，網路給傳統產業帶來真正的變革，體現在它能夠藉助許多新技術為人們創造許多新的需求。從本質上來說，任何市場需求都必須細分，用傳統手段來進行這樣的細分顯然非常困難。

在美國，人們買汽車是很追求個性化的，從顏色搭配到設備的佈置都要求個人色彩，而這種需求從每個顧客反映到汽車商再反映到製造商是件很棘手的事，因為這大大增加了成本，結果是製造商為了降低成本，只有生產出一模一樣的東西。而網路的出現，才使得這樣的需求能夠及時回饋到生產商那裡。在這一意義上，新經濟是在更好地細分市場，刺激和發現傳統經濟刺激不出來的需求，從而在細分市場、滿足個性需求的同時，推動經濟發展，而這正是新經濟最大的魅力所在。

全新的圖書搜索方式、個性化服務、讀者書評、交互小說（編注：一種可供無數民眾同時參與的網路文學創作形式），都是當當的創新之處，當當網前市場總監閻光認為，網路商業的一個行銷法則就是要「把陌生人變成客戶、把客戶變成朋友，把新朋友變成老朋友」，無限的市場細分和客戶細分，定制經濟只有在網路商業中才成了正在發生和可以預期的現實。在分析客戶採購行為的基礎上，可以把握特定客戶的特定需求和愛好，這時商家就可以主動地將客戶需求的服務推出去，這在本質上也是創造需求，在傳統經濟中資訊不對稱的情況下，客戶的需求常常是無法得到滿足，在網路商業中，這樣的「定制式」服務很容易鎖定客戶，進而使客戶對商家也充滿感懷，進一步提高了網站的黏著性。

傳統商業中，瞭解和響應每個客戶的需求很難做到，在一個實體店中，在每天進進出出的人群中，商家不可能逐一去認識，只能以抽樣和某種資料模型來加以分析，但是在網路商業中，這種行銷方式卻正是它的特長。當當的另一個策略是廣泛結盟。網站之間的互補性使得共贏和「有錢大家賺」的理念比在任何地方實踐起來都要容易得多，更多的聯盟意味著當當的入口也得以增加，當當也在跟一些入口網站和垂直站點合作，也豐富了對方的內容，為對方提供更多的增值服務，真正實現共贏。

消費者利益和股東回報是任何一種商業不變的法則，新經濟也不能例外。誠實、按時發貨、及時回應客戶需求、為客戶利益著想，這些是許多網路公司想做卻沒有做到的內容。一本書從網上下單到送到客戶手中看似簡單，背後卻離不開一個龐大而複雜系統的支援，這一點上，國內許多高舉電子商務旗幟的公司的流程都不夠完善。當當網不諱言自己在流程方面依然存在不少問題，俞渝說，這樣的改善也不能關起門來進行，因為只有顧客才是最誠實、最忠誠的批評人和改正者。

新經濟的精髓就是要更加準確地把握客戶脈搏，真正實現以「需」定「產」的定制經濟。以一本書的流通型態為例，從策劃、出版、印刷、發行到送到讀者手裡，每個環節都要經歷許多的市場估算，但人們無法就一本書專門做一個市場調研，這中間會存在很大的資源浪費，出版社永遠在跟庫存做鬥爭，發行商永遠在抱怨書賣得少，讀者永遠在抱怨他們想要的書買不著，這正是傳統商業的弊端，而新經濟時代的網路正好解決了這樣的問題，它可以使生產商的庫存降為零，並且直接面對消費者，從而避免了過多中間環節所造成的資源浪費。當當網無疑在這些方面是做得最好的。

當當的路線：「大而全模式」的貫徹

俞渝曾說，當當網的老師絕不只有亞馬遜，作為一個「網上大賣場」，當當網的老師還有家樂福、沃爾瑪這些傳統零售業者。在經營模式上，當當網向這些企業學習了許多東西，他山之石，可以攻玉，青出於藍而勝於藍，當當超越了曾經的老師貝塔斯曼。

當當網的創立借鑒了美國亞馬遜網上書店，因此也借鑒了亞馬遜「大而全」的經營路線。作為大而全模式的代表，亞馬遜網上書店經營的品種多達三千多萬種，但這種模式依賴完善的供應鏈、龐大的資料庫及完整的物流體系支持。對亞馬遜而言，配送除依靠第三方物流外，有一部分則由供應商直接配送，不必經由亞馬遜庫房，但是對國內剛剛起步的電子商務來說，物流、供應鏈等配套設施都還很不成熟，例如若要讓國內的圖書音像供應商做到自己供貨，簡直是不可想像。8848公司總裁王峻濤曾認為，亞馬遜的大而全模式短期來看不合時宜，也難以在國內收到顯效。所以當當網一開始選擇大而全模式時，很不被看好。

當企業資金有限又期待利潤的時候，小而精自然是聰明的選擇，當當的對手卓越網就是採用小而精的模式，這讓卓越網能夠輕裝上陣。而當當網選擇了跟在亞馬遜書店後面，選擇做「大而全」。

為什麼要選擇大而全模式，俞渝曾經分析說：「因為顧客的需求是各種各樣的，五花八門的，就像當當網圖書的銷售。當當網的線上圖書有四十多萬種，當當網的進貨叫『閉著眼睛進貨』，因為憑藉人來判斷某本書的銷售前景是非常片面的，誰都無法瞭解所有人的需求。另外，從當當網的銷售情況來看，也是長尾效應的體現，因為這部分的基數很大，其實非暢銷書的銷售總額也是很可觀的。」

二〇〇四年十月，美國《連線》雜誌主編克里斯．安德森（Chris Anderson）在他的文章中第一次提出「長尾（Long Tail）理論」，他認為：商業和文化的未來不在熱門產品，不在傳統需求曲線的頭部，而在於需求曲線中那條無窮長的尾巴，簡單說，就是那些看似賣不動的商品在電子商務中恰恰能創造較大利潤。「長尾理論」讓俞渝很受啟發，她說：「長尾理論對當當這樣的網上商城及互聯網經濟圈，乃至相當一部分傳統企業，在當前的成功都具有很強的解釋力。現實中，其在當當網從商品選擇、採購、物流到行銷、服務等方面都可以得到不同程度的印證。企業能做到『頭尾兼顧』將是取得成功的一個良好基礎，如果可以找到在保持核心優勢的情況下更好地滿足不同需求，並且開發出潛在需求的有效法則，做到『頭尾呼應』，那無疑是令人極為振奮的。『長尾理論』的出現讓當當網看到了這種可能，並且在這一方向上提供了無限廣闊的創意空間。」

其實李國慶當初與俞渝商量成立網上書店時，就是看中了網路所帶來的長尾效應。李國慶在圖書市場摸爬滾打多年，知道其實有很多書由於只適合小群讀者，結果出現出版社和讀者之間資訊不通暢的狀況。讀者想買不知道去哪買，出版社想賣不知道賣給誰，成立網上書店就能很好地解決這個問題。

當當網走大而全的經營路線，在此基礎上提出了「更多選擇，更低價格」的宣傳口號。當當網的優勢在於豐富的產品和更低的價格能吸引更多的顧客，帶動銷量的提升，進而形成「低價和規模→銷量上升→獲利多→更低價和更大規模」的良性循環。

「更多選擇，更低價格」的口號是從家樂福超市借鑒而來，當當的低價並不是統一低價。當當網採用的促銷方式——High-Low Price策略，即高低價格策略，該價格策略也是借鑒自家樂福，被稱為「家樂福模式」，指的是平時的價格變化不大或打折不多，而促銷時的價格較低。這種促銷方式區別於沃爾瑪模式，即天天平價策略（Every Day Low Price）。

當當網常常打出價格「組合拳」，遇上國慶、店慶等節日，當當網就開始大規模推出促銷活動，降價活動一波接一波，讓人眼花繚亂，而在活動過去之後，價格又恢復到平時的水準。價格忽高忽低帶來的是頻繁的點擊，用戶們必須經常上當當網看看是不是有什麼降價促銷活動。高低價格策略能帶動網站點擊率上升，而點擊率上升帶來的是網站高流量，高流量自然帶來高銷售。

當當的霸氣：「國美模式」的借鑒

創新一種新的經營模式，對商家來說就是開發出一種新的獲利模式，就意味著創造出一個新的利潤增長點。百度開創的「競價排名」、盛大開創的「遊戲點卡」，都給他們的公司創造了巨額的利潤。然而更多時候，借鑒別的商家已經成熟的商業運作模式，可以讓自己少走許多彎路，規避許多風險，李國慶「當先驅是理想，當先烈我不幹」的經營理念，讓他的企業一步一腳印往前走，但穩紮穩打的結果是它又落在了相對同時期起來的新浪、網易、阿里巴巴等網路企業的後面。

在經營模式上，當當從國美電器的「國美模式」學到了不少東西。二〇〇四年六月當當網推出「智慧比價系統」，拉開與卓越網等競爭對手的價格戰，就已經有媒體稱當當網在借用國美模式。李國慶、俞渝也多次宣稱當當網做的是國美模式。

國美模式特點：首先，大規模擴張。國美最開始只是北京的一家家電銷售公司，後來走上快速擴張的道路。據說有一段時間，國美每三十個小時開一家新的分店，不斷把國美電器開到二線、三線城市。當當網從一九九九年成立伊始，李國慶、俞渝就確定了立足北京、上海，逐步擴張的經營戰略，十年裡當當網始終在規模還是利潤的兩難選擇中，毫不猶豫地選擇擴大規模，因此當當網也一直沒有獲利，但是這十年，當當網得到飛速的發展。通過與各地物流企業合作，當當網不斷拓展貨到付款的地區。貨到付款的地區已經從原來只有北京一個城市，發展到覆蓋北京、上海、廣州、深圳、天津、南京、杭州、瀋陽、福州等多個中心大城市，然後又逐步擴展到二、三線城市，包括港臺地區。到二〇〇八年，當當的顧客遍及全球五十多個國家和地區，在國內覆蓋了一百八十個城市。

國美模式的第二點就是實施價格戰，向顧客讓利。最早國美進入國人視野就是依靠價格戰。二〇〇〇年夏天，中國的彩電業再次爆發價格戰，而與以往降價不同的是：此次價格戰不是由彩電廠家挑起，而主要由大商家操作，其中，國美電器是風頭最勁的一家。國美把長虹彩電的價格降到了讓人吃驚的地步，為此，長虹發表了一個聲明，措辭激烈，威脅要停止向國美供貨。然而，國美全無反應，降價仍然在繼續。自此之後，國美的價格戰一發不可收拾，幾乎每年的五一黃金周、國慶黃金周，國美都要掀起「降價風暴」。依靠薄利多銷的銷售策略，國美對各個競爭對手步步緊逼，一步步做到了行業老大的地位。

當當網的發展離不開價格戰的功勞，本來網上書店由於不需要店面租金，就比實體書店的書籍價格低廉很多，通常都是六、七折。這種情況下，李國慶、俞渝還不滿足，還要繼續降價，當當網不但要比實體書店低價，還要比所有網上書店低價。從二〇〇四年推出「智慧比價系統」開始，當當網承諾當當網所售商品的價格要比所有競爭對手低十%，鐵了心要「將低價進行到底」，這種拉開架勢大打價格戰的決心，為當當網聚足了人氣。

國美模式的第三點就是形成規模效應後，統一採購，控制貨物供應鏈管道，壓低進價，向顧客讓利。國美能迅速擴張，背後強勁的後盾正是其特有的「吃供應商」的獲利模式：在與消費者之間進行現金交易的同時，延期三~四個月支付上游供應商貨款，使帳面上長期存有大量浮存現金，並形成「低價銷售→提高銷售規模→獲得更多返利和通道費→更低採購價格→更低價格銷售」這樣一個良性循環體系。通過擴大網點規模和維持對消費者的低價優惠市場策略，不斷提高通路終端的市場影響力，在此基礎上通過提高銷售規模，提高產品絕對銷量和採購量，威脅供應商加大返利力度和交納更多通路費。

國美大股東黃光裕的強硬立場，也導致國美一度與多家家電廠商關係緊張，最嚴重的是二〇〇四年的格力空調事件。二〇〇四年三月，國美總部向各地分公司下發了一份「關於清理格力空調庫存的緊急通知」，要求暫停銷售格力產品。格力方面也毫不示弱，宣佈將格力空調撤出國美的賣場。雙方問題核心在於，格力空調一直通過各地的銷售公司向國美供貨，在價格上不能滿足國美的要求，國美因此無法實現「薄利多銷」原則。因此國美公開挑起矛盾向格力施壓，希望利用自己的通路優勢，迫使格力做出價格讓步。

當當網充分學習國美模式。當當網與中信出版社、中華書局等供應商結成戰略採購合作關係，通過這種合作，當當網在頁面呈現、郵件推廣、回款週期等方面給予簽約供應商「重點照顧」作為回報，簽約供應商必須以低於市場折扣三～五％的促銷價格向當當網發貨，同時保證全品種或獨家供貨。

李國慶顯出充分的底氣和強硬本色，他要求戰略合作供應商只能給當當網獨家提供更低的促銷折扣，甚至獨家供貨。除了與當當網簽約的戰略合作供應商，另外給當當網獨家供貨的大小供應商已達六十多家，有的出版社甚至把自己的選題規劃給當當網，開發當當網獨家銷售的特型書。當然由於當當網要求的折扣超出承受範圍，也有供應商只給卓越亞馬遜供貨而不與當當網合作。

依靠供應商給當當網提供的促銷折扣，當當網能夠給顧客更多的讓利，能夠打起越來越兇悍的價格戰。在控制上游供應商之外，當當網的物流配送由全國眾多物流企業完成，當當網也向這些大大小小的物流企業要求更低的配送費。由於當當網的物流業務數額巨大，各物流企業都是儘量滿足當當網的要求，實現合作共贏。

當然李國慶採用國美「吃供應商」的模式雖然強硬，但是並沒有導致當當網與各供應商關係緊張。李國慶不肯完全照搬國美模式去「壓榨」小供應商，李國慶曾總結說：「當當網做的是國美模式，淘寶做的是中國集貿市場的模式，當當網相信國美模式更適合把中國的網上購物建立成一個規範的市場，但當當網對供應商不分大小採取一視同仁的採購和結算規則，也不用帳期來壓榨供應商，當當網希望與供應商一起建立良好的合作夥伴關係。」

李國慶、俞渝在營運當當網時較多地借鑒了國美統一進貨、控制上游管道、實施價格戰等手段，使當當網逐步發展壯大。今天，當當網的目標就是要從圖書領域不斷向外拓展，發展百貨業務，將當當網打造成全球最大的中文網上書店和購物中心。

當當網不斷學習借鑒別人的經驗，在當當網發展過程中，每年都有那麼幾次搜集別的公司怎麼做的，並了解網友對當當有什麼意見。亞馬遜、家樂福、中友百貨，甚至一個已經倒閉的商場「海藍雲天」，都給李國慶、俞渝很多啟發。

當當在中國做網上購物，很多工作是在沙漠建綠洲。你看，無論是電器製造商、出版社，還是出音樂的片商，他們所有服務都是為實體店鋪提供的，所以他們不供應商品的資訊，不提供片頭片花，不提供音樂十五秒試聽，很多東西都不提供，因為消費者去店面買的時候，都能自己看了。

當當網還看家樂福、中友百貨等商家的經營，從這些商場身上，當當網看到了中國消費者對價格的敏感遠遠超出當初的想像。傳統零售賣場有很強的示範意義，比如家樂福多少支出是用於水電、多少是用於薪資、多少用於房租？這些資訊轉化到當當意味著什麼？當當網IT應該花多少錢？當當網採購應該花多少錢？當當網客服應該花多少錢？

俞渝、李國慶意識到當當網不能脫離零售的大環境。比如「海藍雲天」，俞渝非常喜歡那個商場，覺得那個商場清清爽爽，乾乾淨淨，但旁邊「藍島」人卻很多，兩家商場風格差異很大，到最後是「藍島」非常火爆，「海藍雲天」已經收攤。

這直接影響到當當網的營運管理思維，一開始當當網的頁面很素淨，但後來就「花裡胡哨」的，雖然俞渝本人喜歡素淨的，但顧客喜歡花的、鬧的，那當當網就得跟著顧客的需求走。顧客能把體驗告訴當當網非常不容易，而且當當向來都謝謝這些顧客的體驗回饋，分析它有沒有什麼共性，看它有沒有什麼區域性，從這裡面還能做什麼樣的改進。

第七章

是「聯合總裁」更是「恩愛夫妻」

李國慶、俞渝，不僅是夫妻，在創業中是搭檔，在許多方面也得到了恰到好處的互相彌補和配合。在情感上，他們使愛情、友情、親情上達到了一種水乳交融的狀態，在創業理念上，也是一拍即合的默契和協調。這樣的他們成了一對共同創業、共同生活的模範。他們不僅書寫「成功」的華彩篇章，也詮釋「幸福」的真正內涵。在家裡，兩位聯合總裁面對的不再是「當當」，而是相濡以沫的生活溫情。

一、三口之家 油鹽醬醋

家庭約法：默契有餘，爭吵有度

俞渝、李國慶家的約法三章，有不同版本，比如不在臥室談工作，不帶情緒回家，每週必須有一天留給孩子，一個出差另一個必須留守公司和孩子在一起等等。至於執行情況嗎，也有「季節性」。有時候大家都挺遵守的，十點後各看各的書，各幹各的事，但有時候就執行不下去。比如有時候晚上十點鐘當當網還在開會，不可能再談什麼遵章守紀。等等。

當當網成立十年，李國慶、俞渝這對聯合總裁走過了十年的網上書店生涯，在這十年裡，工作是他們生活最主要的內容，剛創辦當當網時，李國慶管市場、採購和一些功能部門，俞渝負責人事、客服、財務等行政工作。二〇〇四年兩人工作重新進行了一次分工，內部管理由李國慶負責，俞渝主要負責公司的資本運作。俞渝說：「他管的部門他說了算，我管的部門我說了算。」雖然如此，但是雙方就工作上的問題也會出現不同意見。例如有可能兩個人對市場、對員工、對顧客需求的看法和判斷是不一致的，這種不一致帶來的衝突，很容易帶回到家庭中，使正常的家庭生活受到影響。為此俞渝與李國慶曾經約法三章，所以李國慶、俞渝的家庭生活很豐富、很輕鬆，回家後一起吃飯，然後看書的看書，看電視劇的看電視劇，或者和孩子說說話。

俞渝坦言自己管家與管公司的辦法差不多，雖然如此，在對家的管理上，俞渝卻遠沒有管理公司那樣的遊刃有餘，往往是捉襟見肘。俞渝說自己：「對著家裡的洗衣機半天卻不知道怎麼洗，想喝粥了卻不知道米放在哪兒。」有時俞渝自己會把管理家庭與管理公司二者搞混，分不出明顯的界限。俞渝說：「我一天到晚想的差不多都是當當網的事，在辦公室晃悠的時間是八個鐘頭左右，辦公室以外還在考慮當當網的事。比如說有時晚上跟一些朋友在一起通宵閒聊，聊到快早上的時候竟聊出了一個很好的廣告創意。又比如，有一次我帶著孩子在學溜冰，我就想如果哪天我想做一個市場推廣活動，讓小孩們都戴著頭盔，溜冰給當當送書，那會是一個什麼樣的場面。」

俞渝承認自己與李國慶之間的差異，同時俞渝認為正是這些差異成就了當當網，這些差異不是鴻溝而是增長點。俞渝說：「彼此身上都會有優點，像我比較有邏輯，比較系統，比較井井有條，而他對市場有很好的洞察力，消費者想什麼，廣告創意是什麼樣的，什麼樣的商品更合適，這些他都比我強。但彼此都會有看不慣的地方，我二十幾歲至三十幾歲都生活在美國，我是早上起來洗澡，而他是晚上洗澡。」在細節上，俞渝說：「國慶的辦公桌上堆滿了東西，再多一樣東西都沒地方放，但這並不影響他以最快速度找到想要的東西。

我的桌子像是科學規劃的一座城市，左邊是排隊等候審閱的文件，右上角是分門別類的文件資料，連牆上貼著的備忘錄紙條，也都端端正正。」類似這樣的事情還挺多，「比如說要出去度假，我得清楚第一天去什麼地方，走哪些線路；第二天去什麼地方，走哪些線路，去哪些餐館吃飯。這些我都在旅遊指南上查得清清楚楚，計畫出一二三四五來，而李國慶卻認為這樣是把度假的樂趣都扼殺了，他是腳踩到哪算哪。」李國慶喜歡找到一個大方向，但是不對細節進行預計，而俞渝喜歡把細節設計得一清二楚。俞渝很感謝丈夫對自己的包容：「他對我很多事情都不計較，我覺得這是他給我的。

如果不是李國慶，我可能是很難嫁出去的人。誰會娶一個不會做飯，不會洗衣服，還整天給你找茬兒，說這個做得不對，那個做得不對，給你添堵的人呢，李國慶對這些都包容了，而且他還能把我身上好的東西發掘出來，並抑制住我不好的一面。」

雖然夫妻之間互相包容、互相體諒，但在生活和工作中仍免不了磕磕碰碰，李國慶和俞渝唇槍舌劍的吵架不是很多，只是俞渝偶爾會生悶氣：「因為我覺得吵架是特別無效的溝通方式，容易傷害彼此的感情。其實不光在家裡不要跟丈夫吵架，出去也不要跟別人吵架。」

在創業的最初幾年，由於雙方缺乏磨合，李國慶、俞渝也鬧過幾回。例如有一次在辦公室，因為意見不合，李國慶、俞渝起了爭執，俞渝氣呼呼地拿起包就往外衝。剛出門，李國慶狠狠地甩上辦公室的門，俞渝只聽到砰的一聲巨響。俞渝一下子在門口僵立住了，只聽見李國慶告訴秘書：「要是俞渝來找我，請她發郵件；另外，你馬上給我聯繫，給她另安排輛車，我不想上下班和她坐在一起！」

俞渝一聽更加生氣了，雖然知道李國慶說的是氣話，但是還是有些傷心，於是就賭氣要跟李國慶打冷戰。跟所有的夫妻鬧劇一樣，當晚，俞渝找了個賓館住下，當時俞渝甚至發誓不再去辦公室，也不再回家。

俞渝後來回憶說：「晚上我獨自躺在陌生的床上，我感覺特別脆弱，心裡空蕩蕩的。我想，女人和男人生來就是不同的族類吧，男人是創業型的管理者，要帶著人往前衝，總覺得規定太多太死會限制他、束縛他；而他所反感的，恰恰是愛好條理的女人一定要做的。兩性的差異，完全可以互相取長補短，為什麼一定要爭個你是我非呢？」

俞渝越想越氣，甚至想到了要和李國慶離婚。後來突然響起了敲門聲。俞渝以為是賓館服務員，俞渝推開門一看，愣住了，是李國慶！手裡拿著一大捧鮮花，笑瞇瞇地來拉俞渝的手，同時說：「女士，可以賞光一起喝咖啡嗎？」俞渝一下子心軟了，半推半就和李國慶去了附近一家咖啡館。這段故事有點像浪漫愛情劇，男主角和女主角起了爭執，這時男主角做出讓女主角特別感動的事情，女主角的心一下子軟了，又重新投入他的懷抱。

在咖啡館裡，兩個人坐定。隔著桌子，李國慶歎了口氣，然後說：「我真想融化成你杯裡的咖啡，可以和你親近些。」李國慶不愧是學文科出身的，優美的詩句脫口而出。俞渝一聽，撲哧笑了，說：「那我就喝你沒商量。」李國慶深情地說：「那你好好品嘗吧，等你喝完就知道，當當網的事業是先苦後甜。你一定要對我有信心啊。」俞渝的心被觸動了，沒想到李國慶那麼在乎自己對他的感受，那麼在乎自己對他的信任。

李國慶誠懇地向俞渝認錯：「國外的管理方式確實比較先進。」看見丈夫退讓，俞渝也開始反省自己，說：「其實你說的也對，國外的模式雖然先進，但是國外的模式不一定就值得照搬，畢竟國情不同。」

一下子李國慶、俞渝之間的隔閡就冰釋了，在愉快的交談中，李國慶不斷給俞渝打氣，李國慶對俞渝說：「雖然現在處境比較困難，但是只要堅持下去，電子商務是有前途的。」兩個人一直談到夜深，然後才回家。回家後，李國慶給俞渝煮了一碗速食麵，俞渝香噴噴地吃完，發現李國慶早累得睡著了。看著孩子般熟睡的李國慶，俞渝心潮起伏，莫名的感動，俞渝後來說，當時自己猛然醒悟：「我們既是當當網的合夥人，也是夫妻，只有相互欣賞、相互扶持才是最好的相處之道。在這段極艱難的日子，我們應該拋棄埋怨和分歧，以相互鼓勵的方式探討問題和未來。對一個奮鬥中的男人來說，身邊女人的支持是多麼可貴，既然我選擇了這個男人，我就要相信他。我希望，當他勞碌之餘，回到這個家時，能看到帶著安靜笑容的我。」

兒子古古：愛情結晶，快樂之源

一九九八年年初俞渝在美國紐約順利產下一男嬰，中年得子的李國慶特別興奮，兒子的小名叫「古古」。有了小古古，李國慶、俞渝的生活增添了很多樂趣，兒子不僅是他們倆愛情的結晶，更是他們事業的見證。

小古古出生後有件事把李國慶給難住了。孩子一出生李國慶就往紐約中國領事館報國籍，但是按照規定，由於孩子媽媽俞渝已經加入了美國籍，所以兒子是美國籍，這讓有「中國情結」的李國慶很不爽。雖然做了「美國人的爹」，李國慶還是希望兒子在年滿十八歲可以自由選擇國籍時，選擇中國國籍，李國慶更願意做「中國人的爹」。

小古古出生後，正是李國慶、俞渝事業的初創期，難以分身的他們請了一位保姆在家照顧小古古。兩年之後，當當網誕生了，李國慶、俞渝更忙了，小古古被送到托兒所，托兒所從早上七點到下午五點半開放，提供早餐、午餐和晚餐。雖然兒子是美國籍，但是李國慶沒有讓兒子去讀雙語學校，而是待在純粹的中國環境中，李國慶認為，這樣更有利於兒子成長。為了兒子，李國慶、俞渝夫妻倆儘量不同時出差。夫妻倆一般不會把孩子留給保母的，總有一個人在家裡陪他。俞渝說：「我覺得哪怕就是你不陪著他玩，但是他也知道爸爸、媽媽今天也在這屋子裡睡覺，他會覺得挺安全的。」

李國慶跟兒子兩人要好得像哥兒們一樣。兒子三歲左右時，有一次對李國慶說：「爸，咱們到酒店去喝一杯。」爺倆就一個喝啤酒，一個喝果汁，在大堂裡晃來晃去，玩得很開心。而俞渝對兒子要求比較嚴格，要求他回家以後立即把鞋子放在鞋櫃裡。兒子頂嘴，說爸爸回家常把鞋甩得高高的，第二天再找。有時李國慶也在旁邊打圓場，說孩子的東西放在自己房間就行了，而俞渝說：「東西必須放得有規律，可以很快找到。在公司你唱主角，在家裡要遵循我的意見，如果總為瑣事起紛爭，就沒辦法做事了。」於是李國慶不吭聲了，乖乖地把自己的鞋放好。兒子看爸爸帶頭，也吐了吐舌頭，跟著做了。

後來過了一段時間，兒子很自豪地告訴俞渝：「跟你們『當當』一樣，今天我把書按漫畫、科學、教科重新分類放了一遍，現在要找什麼書就很方便了。」為此俞渝得意地向李國慶宣示自己教育方法的成功，李國慶笑著說：「第一，老婆是正確的，第二，當老婆不正確時參考第一條。」

作為當當網聯合總裁，俞渝必須在公司和家庭、丈夫和兒子之間平衡好。俞渝的好友歌手戴軍曾說俞渝：「她老公像她的大兒子，她兒子像小兒子。比如說到了七天長假的時候，她老公要去爬山了，可能會置辦一大堆的東西，那些東西可能用一次就不用了，她兒子就再利用，在自家的陽臺上把帳篷搭起來睡在裡面。」俞渝總要費心照顧好一切。

當有一次被人問及如何平衡家庭和事業時，俞渝爽快地回答道：「不平衡！而且我乾脆放棄平衡這個想法，接受這一現實。有時候我們一家日子會過得很好，有時候會亂七八糟。有時家就像一個學校食堂，一頓飯要開好幾撥，先是孩子吃，然後是我吃，最後是李國慶吃。」俞渝總是一有機會就與兒子一起吃飯，俞渝解釋說：「平常忙的時候可能都沒機會跟兒子吃飯，所以如果有一天我特別閒，就會給兒子打電話，約好一起吃飯。有時他也會約我，比如當他不想在家吃飯、想吃烤鴨或者別的東西的時候。」

在母子之間，讀書是一種交流方式。俞渝說：「我鼓勵孩子讀書。書是很好的夥伴和朋友，你可以隨時打開它，也可以隨時把它合上，有時間多看幾頁，作業多了少看幾頁，容易看的就看快點，不容易讀的就慢慢看，反復多看幾遍也沒關係。一本書會順從地聽我們指揮，所以看書比看電視更方便。讀書是個很平靜的活動，只要我們一頁一頁往下翻，書會給我們更多的故事、讓我們認識更多的人。如果打遊戲打煩了，打得讓你生氣了，你可以翻開一本書，書能讓我們安靜下來，幫助我們獨立思考。打遊戲時間少點，讀書時間多點，孩子的快樂指數會升高。」

俞渝這位忙碌媽媽，閒下來還會拿一本故事書，給兒子念書裡的童話故事。二〇〇七在北京外國語學院（現為北京外國語大學）校友楊瀾主持的《天下女人》的訪談節目中，俞渝拿出一本《小熊維尼精選集》，說自己有空就給兒子講小熊維尼的故事，每講完一段就會標明時間。有時由於工作太忙了，可能講下一個故事要隔上幾個月。兒子非常喜歡維尼，自己找很多有關維尼的東西，以致於中秋節古古與同學互贈迪士尼公司推出的維尼月餅。

孩子慢慢大了，就存在一個對孩子如何進行管教的問題。俞渝覺得，孩子的未來靠自己掌握，她說：「以前忙於工作，做當當網後，基本不需要長時間出差，所以我每週有兩、三次陪孩子在家吃飯。現在的孩子遠遠不是我自己童年的樣子，他們有自己的世界。我不阻止孩子的愛好，哪怕是別人看起來應該制止的事情。」

由於工作忙，兒子的事情俞渝沒辦法全部照顧到，俞渝覺得這反而是好事，給了孩子自由成長的空間，「對孩子的關心並不表現在諸如天冷了給他加件衣服什麼的，不是非得事無巨細，給他自由的成長空間也不是件壞事。」

俞渝注重培養孩子的動手能力，有時在家裡，小東西壞了，俞渝總會叫兒子來修。小古古九歲的時候就嘗試去修自家的馬桶。帶小古古的保姆找不到開關是哪個，這時小古古站在一旁指點江山，說第幾排第幾個就是。

三年級之前，李國慶不要求兒子在班上成績拔尖，只要中等就行，同時利用空餘時間多看課外書，豐富知識和視野。在兒子上了四年級以後，李國慶對兒子的要求就嚴格一些了，要求每科成績要在九十五分以上。每次兒子測驗的試卷李國慶都會看，然後幫他分析哪些是粗心，哪些是方法問題，哪些在課堂上可以解決，哪些需要在課外下工夫。後來李國慶發現兒子的語文有點弱，於是給他制定閱讀計畫，讓他多讀文學作品。李國慶還陪著兒子一起讀美國著名童話作家懷特的名著《夏綠蒂的網》。

雖然在對兒子的教育上夫妻倆奉行「抓大放小」政策，但是作為一個母親，孩子的很多小事俞渝還是要操心。比如小古古從幼稚園畢業的時候，老師讓他們唱《同一首歌》，俞渝就得給他找CD，最後在自己的當當網訂購了一盒。又如俞渝說自己在網上最大的一筆花費就是為了兒子。俞渝兒子買玩具，那個玩具是一套火車玩具，它和網路遊戲一樣也需要升級，開始先架橋、修路，然後要逐步提高火車的配置，最後這套高級火車系統花了俞渝不少錢。

在二〇〇七年俞渝參加中央電視臺的一次電視節目中，工作人員發現俞渝一個細節，俞渝在這個節目開始錄製之前還不忘給家裡打了個電話，問兒子有沒有上床睡覺。節目主持人蔣璐陽就此提問俞渝，俞渝回答說：「因為我們家孩子九歲，他每天上床睡覺的時間是八點半，剛才我看差不多八點一刻了，我給家裡打個電話檢查一下。」

俞渝和李國慶在孩子成長過程中也扮演著不同的角色，屬於比較典型的「慈父嚴母」。儘管夫妻倆都很忙，可他們還是會盡可能抽時間陪孩子。俞渝一直強調「榜樣」的力量，她認為父母給孩子的榜樣作用是最大的，這和經營公司是一個道理。

在俞渝看來，爸爸和男孩子在一起瘋的時候比較多，而她一般都陪孩子聊聊天、做作業。她說：「國慶一般跟孩子上房拆瓦，而我就是收拾殘局的角色。比如他們把家裡四處都點上蠟燭玩，鬧夠了就什麼都不管了，看著滿地的燭油，我實在看不過去了，我就得教阿姨怎麼把燭油弄下來。」

說起丈夫和兒子的趣事，俞渝既無奈又忍俊不住。一天，爸爸和兒子在家很無聊，於是爸爸提議去探險。想在鋼筋水泥的公寓樓裡探險是件傷腦筋的事，沒場地、沒氛圍。恰好，俞渝他們家公寓樓底下有個四、五層的車庫，於是，爸爸就帶著兒子和另外兩個小孩開始折騰了起來。先是每人頭上紮一條毛巾，把公寓樓保安捆在垃圾桶上，不同的保安還得扮演不同的角色，有的是八路，有的是鬼子，大家拿著水槍分成兩派，打成一片。

還有一次，一家人外出登山。爸爸覺得老老實實登山沒意思，於是，非得弄條竹排來玩。看著竹排慢悠悠地過來了，爸爸一陣興奮，還沒等竹排靠岸，「嗖」一下就跳了上去，差一點就掉進河裡。這下可好，兒子在一邊看得兩眼冒光，使勁拍手稱讚爸爸是英雄，佩服得不得了。這也苦了媽媽，懸著的心一直打鼓，「這要真掉下去了誰撈啊」！

勤儉持家：普通的家，幸福的家

俞渝曾說：「如果我現在不是當當的CEO，只要國慶在我身邊，我同樣會過得快樂。女人，應該是柔軟的，用一顆溫柔平和的心去經營家庭。」也許這就是兩個強勢人物在一起的融洽之道，不管你在外面多強，多能幹，回到家要洗淨外面的鉛華，回歸本色好好過日子。

現在很多人不差錢，但日子過得並不幸福、並不快樂。曾經有人問俞渝：「根據胡潤百富榜，你現在是最有錢的重慶女人？金錢給你和你的家庭帶來了什麼變化？」俞渝回答說：「錢這個東西我看得很淡，除了喜歡旅遊外，我個人也很少花費，而且至今最喜歡的仍然是買打折貨。我有兩個小孩，有一個兒子在念小學。跟普通人一樣，每天我除了工作外，就是回家照顧孩子，讓丈夫吃好、休息好。」俞渝說的兩個孩子，一個是小古古，一個就是她的「大兒子」李國慶。他們是俞渝的一切。

俞渝有時候也很「小氣」，她從小受外婆治家方法的影響信奉「勤儉持家」，有時夫妻倆治理公司也用這個辦法，比如當當網打字用的紙是兩面用的。李國慶曾經在電視採訪中抱怨，俞渝太節儉了，一家三口只用一輛車，這部車要送兒子上學，要送李國慶和俞渝上班，有時候俞渝和李國慶同時有公事，就實在調度不開。李國慶每次要用車，都得派秘書協調安排，弄得麻煩極了。對此俞渝固執地認為：「我們是一家三口，就該用一輛車。」李國慶反駁說：「我們是普通的三口之家嗎？」當當上市後，李國慶本來打算買一輛SUV，但還是被俞渝否決了，理由是「生活要低碳」。現在這一家三口仍然共用一輛車，通常情況下，李國慶都是擠地鐵上下班。

創辦當當網的這麼多年，二〇〇八年前他們一直沒買房，而是租房子住，直到二〇〇八年他們一家才買了一套房子，住進了新家。俞渝說：「我回國一直租房子住，因為我在紐約買的房子在曼哈頓公園西大道的七十二街，品質很好，樓高三米，每一間房子都是方方正正的，隔音好。

回國後看到『鞋盒子』一樣品質的房子就有點看不上，一直不肯買房。李國慶老說我：『這麼些年租房的錢早就可以買幾套房子了。』但他還是同意我的意見。我們剛剛才在北京買到滿意的房子，讓洪晃的先生幫我裝修，我的理由是『我就沒見過設計師日子比我過得還要好的，但只有比我過得好的人才能知道我要什麼呀』。」不久前，兒子問俞渝：「媽，我們到底有沒有錢啊？」俞渝向兒子解釋：「當當跟你沒有任何關係，你還得靠你自己。」誰料，兒子回答：「嗯，但這不妨礙我以後收購當當吧？」

李國慶、俞渝覺得賺錢是為了生活，不是為了欣賞銀行帳戶裡不斷上升的虛擬數字。他們相信有情趣的生活可以促進事業成功，所以無論當當網的工作多麼忙，他們都會抽出時間來休息。生活是第一位的，而賺錢只是為了讓生活更加美滿。

他倆都喜歡旅遊，結婚的那年為報父母的養育之恩，請雙方父母去美國和加拿大旅遊，從東到西從南到北遊玩了一大圈。在佛羅里達的迪士尼樂園，老人們玩了一整天還勁頭十足，吃完晚飯又去玩，因為樂園要到半夜十二點關門，一直到凌晨一點老人們還沒有回酒店，俞渝著急了，給迪士尼樂園管理處打電話，工作人員說已經沒有遊客了，她立刻給當地的警察局打電話，警車剛剛出動，老人們興致盎然地坐著樂園大巴回來了，虛驚一場。

李國慶夫婦也喜歡和朋友們一起出遊，經常成群結隊出去旅遊，度假的地方也與眾不同，比如大家都往歐美跑，他們喜歡去非洲等地，二〇〇五年「十一」去了土耳其，還有一年「五一」去了希臘。李國慶覺得趁著身強力壯的時候去一些條件不怎麼好又很有意思的地方，會給將來留下美好的回憶，老了以後可以去一些條件好的地方從容旅行。

李國慶旅遊有一個愛好，喜歡去當地人常去的酒吧，尤其是大學附近的酒吧，俞渝笑他泡吧是看「長腿妹妹」，有一次他們在土耳其時去了土耳其大學的酒吧，小酒吧在學校裡二樓的一個小過道，又黑又窄，俞渝累得都快要睡著了，李國慶一進酒吧立馬身心振奮，神情愉悅；而俞渝更喜歡生活化的地方，比如集貿市場等，感受一下那兒的氣氛和風俗人情，那是書裡影視劇裡看不到的日常生活。他們也有共同的地方，就是找旅遊書上介紹的當地的特色菜去吃，不一定是去有名的餐館，也不一定要點很貴的菜，印象最深的是在土耳其吃過的茄子，居然有四十多種做法。

二、強勢國慶　個性國慶

狂放李國慶：強悍源自內在

狂，這是古代士人修養中的一個重要範疇。孔子說：「狂者進取，狷者有所不為」，在儒學中有眾多對狂的闡發。南宋詩人陸游有詩說「才疏志大不自量，西家東家笑我狂」。古代士人崇尚中庸，但也有部分士人欣賞狂人。按照孔子的意思，狂妄的人往往是積極進取的人。敢說狂話，就得有兌現的能力，否則狂不起來。不可否認，李國慶就是一個狂人。

熟悉李國慶的人都知道，他經常口出狂言。狂到了極致，也有一種雄壯的美！

上世紀八〇年代初，李國慶進入北大，他的狂人本色就開始展現出來。大三時就寫出三十萬字的專著，討論《中國社會改造之我見》，書生意氣，激揚文字，狂是不狂？大學還沒畢業他就能到北京市拉到學術專案，自己做起學術研究，花錢請秘書，幫自己打雜。然後又能自己出錢，去編書賣書，做個在學的書商。

大學時期的李國慶，熱愛學術研究，想做學者。狂人做學者，總比性格沉靜的人做學者好很多，狂人敢想敢創造，狂是創造之本。大學時代的李國慶，讓很多老學者眼睛一亮，甚至誇出海口說李國慶三十歲就要成名成家。真狂人，自英雄。

李國慶的另一大特點就是他並不是個書齋學者，他骨子裡其實是個社會運動家。有一天當他厭倦了學術的體制化、學院化之後，他走出書齋，開始行動起來，做一個校園文化領導者。特立獨行的性格注定了他無法安分，他當選為北大學生會副主席，他在北大校園裡寫大字報，演講，為戀愛的同學發保險套，而他自己大學四年居然沒談過戀愛。有人說，大學四年沒談過戀愛是大學生活的失敗，李國慶看來在這方面失敗了，這恰恰證明他能在別的方面成功。他忙學術，忙出書，忙寫文章，忙領導學生社團，忙各種社會活動。回憶這段生活，李國慶說了這樣一番話：「我真的是勤奮，大學裡人家談情說愛去了，忙出國去了，我就是一個小時一個小時計畫自己的時間，功課要很好，還要做學生會工作，還要到社會上承攬課題。超乎一般人的勤奮，你想你要這麼連續勤奮八年還得了？別人老說這是多聰明，但用俞渝的話說，成功的人肯定沒有傻子，但最聰明的往往不是最成功的。」

進入創業階段後，李國慶也是狂性不減。也許正是因為這種狂，他才無法在國務院發展研究中心繼續工作下去。他是不安分的，因此他不需要穩定，他要去闖，闖出自己的天地。

一九九三年，李國慶聯合北京大學、中國社會科學院、農業部等單位相關部門創辦「北京科文經貿總公司」，他任總經理、總裁。他的北京科文經貿總公司的名字是什麼意思呢？在一次電視採訪中，李國慶坦言，當時真是狂，覺得自己出來下海，就得講排場講氣勢，恨不得自己的公司是全宇宙最大的，科技、文化、經濟、貿易都得有，還得在前面加個「總」字，於是就成立了這個「全能」的北京科文經貿總公司。

此後兩年中，李國慶一口氣成立了十七、八個子公司，包括廣告公司、計程車公司、鋼材貿易公司、影視製作公司，他的戰線拉得太長，這在某些人眼裡，也許是狂到了極致。

李國慶努力了幾年，事業沒有大的進展，這讓他感到很苦悶。他到美國去想做個跨國大公司在中國的首席代表，但是碰了不少壁，雖然沒有人直接出手打擊他，但是李國慶還是感到大受打擊。鬱悶之中，他遇到了俞渝，於是狂人歸來，新的事業即將展開。

在中國做了很多年出版的李國慶，這時候找到了將事業做大的契機。他看中了網上書店的發展前途，在俞渝的幫助下，從一些風險投資公司拉來了幾百萬的投資，當當網正式上線。十年發展下來，當當網不負眾望，像它美國的榜樣亞馬遜一樣，引領中國圖書市場和網上商城的發展。

幽默李國慶：詼諧讓人笑翻

狂人李國慶是個極其幽默的人，他的幽默感隨時會爆發出來。人們都說幽默的男人容易吸引女孩的注意，確實如此，李國慶在遇到俞渝之前交了三個女朋友。事不過三，遇到俞渝五個月後，他們就結婚了。俞渝也是被李國慶的幽默感吸引的，第一次見面後她覺得李國慶幽默、寬厚，遇事總有辦法。

俞渝很欣賞李國慶的幽默，她說：「我當年是為了愛情放棄紐約的高薪回國創業的。我們家李國慶是一個常常語出驚人的人，比如我們團隊討論頁面一個鏈結後面應該跟什麼內容，他在旁邊嚷嚷：『這還要想嗎，男廁所旁邊當然就是女廁所呀……』，然後大家都樂了，他常常一句話說出了麥肯錫要寫五十頁才說得清楚的問題。」

「我們接到一個黑白分明的派對請柬，他會說：『我的媽呀，這是什麼呀，這簡直是訃告呀。』讓人聽了發笑，真心喜歡，這就是他迷人的地方。可是說話直接的人往往會傷害別人，有時候我在辦公室裡都氣得咬牙切齒了，別人不體諒我就算了，你也不體諒！後來想想我們畢竟是兩個獨立的管理人，不可能沒有分歧，而且最重要的是，每個人都是帶著特點和缺點來到這個世界的，對越是自己所愛的人越要寬容。」李國慶的幽默常常包含諷刺，有時會讓被諷刺的人下不來台。

喜歡幽默男人的俞渝，有時也學李國慶幽默一把。二〇〇六年九月二十日，美國財政部長保爾森訪華，在美國駐中國大使館擺酒招待了六位來自不同行業的中國成功企業家，其中就有俞渝。在宴會期間，俞渝幽默地說：「咱今天吃完這頓飯，是不是就把人民幣匯率的問題定一下，吃頓飯總得吃出點結果來吧？」引得在場各位大笑。俞渝這是美國式的幽默。

李國慶的幽默顯然就是中國式的了。例如李國慶會對媒體訴苦，「這三年我過的不是人的日子，因為我不是美國MBA畢業，不懂美國語言。我們從貝塔斯曼請來總監，從微軟請來總監，一開會完了，我這個總裁根本沒有任何威信。每週的例會都是英語，不是偶爾講一兩句英語，連例會是星期幾開也爭論不休。IBM來的說是兩周開一次，微軟來的說是週二開，貝塔斯曼來的說是每週四下午開，Intel來的說是每週開一次，在這裡面一定要有堅定的意志，有比我更堅定的意志就能走下去，但是我不能有堅定意志，因為俞渝是我太太，我要讓她有一個完美的人生。」這是單口相聲似的誇張。

又如在「波士堂」節目中，李國慶又說自己這個聯合總裁的位子是身不由己。投資人不相信自己，認為自己是土鱉，力挺俞渝，於是弄個聯合總裁的職位來約束自己。引得現場觀眾大笑不止，人們從來沒見過頻頻向別人訴苦的總裁。

在這次節目中，李國慶還講到自己早年編輯《你我他叢書》時的趣事。叢書一共九本，其中一本叫《乘九路車去天堂》，書印出來後就到各大城市去銷售，獨獨在武漢賣不動，李國慶百思不得其解，後來一打聽才明白。武漢確實有九路公車，而且這路車在武漢還挺出名，因為九路車的終點站是武漢市火葬場！全場爆笑。

李國慶的幽默有時候口不遮攔，在二〇〇七年洪晃新書《無目的美好生活》發布會上，李國慶來了點低俗的笑話。他說日本文學家某某在某書某頁提到，經過科學家研究並有可靠統計資料證明，日本在某年的趴廁所比率上升，令人驚奇的是同時期強姦等犯罪率下降。李國慶這麼一說，讓在場的朋友張大了嘴，李國慶居然連頁碼也記得十分清楚，真是不服不行啊。

李國慶耍嘴皮子是出了名的，所以只要他一演講，台下的觀眾就來精神，幽默的李國慶，很讓人欣賞。他的個人魅力正來源於此吧。

李國慶在微博裡回顧二十多年前的一段往事：「我媽媽總抱怨物價上漲，一次飯間我生氣地對她說：『媽，你兒子在中央做農村研究，我們都該支援農產品價格漲，我們城裡人憑什麼就該有肉吃，水果那麼多年不漲價，農民日子能好過嗎？』我媽媽看著我，苦笑說：『北大畢業的書呆子。』她很寵愛我，以後再不抱怨了。」微博裡還有段看似「自嘲」的話：「當年北大畢業後，還算是中南海翰林，中央書記處農研室小青年，王岐山的下屬。不過，讀書人搞電子商務，難免比草莽出身的手筆小一點。」李國慶個性之鮮明，在中國企業家裡也許可以排前五位！

文藝李國慶：腹有詩書氣自華

李國慶是一個小清新文藝模範，賣書郎遠遠不能概括一個北大人的身分。他賣書，深深地原於他愛書。「我小學時就主動當校外圖書管理員，每三天就看一本書，老師不信，我就每本都寫讀後感。」

在那個賣書的年代，李國慶自己寫書，據說賣得很火。不管是日常生活還是平常休假，他總不忘隨身攜帶幾本書，尤其是競爭策略的書，比如《一支iPhone的全球之旅》、《西藏生死書》、《斬龍脈》……

除了書，他還狂愛音樂。在北大的那段時光，崔健的歌聲一直陪伴著他，並深深影響著他。直到十幾年後的某天，在朝陽公園迷笛音樂節上，李國慶看到崔健，依舊是繡著紅五星的帽子，只是多了些白髮。李國慶看著青年的音樂偶像一個人，單薄的在台上唱歌，不禁感慨萬千。但有一點，他明白，變老的是時光，不變的是兩顆執著的心。崔健如此，自己也是如此。

除了崔健，李國慶來愛聽張信哲、趙傳、王菲的歌。但很雜，手機的鈴聲有時是張亞東的「潛流」，有時又是朴樹的「生如夏花」。李國慶用音樂把自己打扮得多采多姿。這還不是他文藝模範的全部。

李國慶愛詩人，比如海子。他和海子同一年生，還是北大的校友，在二〇一二年三月二十六日，海子忌日那天，這位多情的文藝老青年，用微博表達自己的懷念：懷念海子，他的詩作影響一代又一代人！

除此之外，他還愛踢足球、愛滑雪……

正如凡客盛典時對他的介紹一樣：愛賣書、愛賣衣服、也愛賣化妝品；愛小清新，也愛hold住姊；執著、不妥協、真性情；我和你一樣，堅守夢想，不平則鳴，我是李國慶。

三、可愛俞渝　美麗俞渝

總裁秘書：心細的俞渝

無論從哪個角度看，俞渝都是成功女性的典範，「胡潤榜女富豪」、「亞洲最有影響力女性」等一連串頭銜，似乎都讓她遠離了普通人的範疇。俞渝經常可以準確地把握事業發展的關鍵點，而不太關注外界的稱號和評價，從阿姨到司機、秘書及其他員工都這麼叫俞渝的英文名字Peggy，李國慶也不例外，但如果我們聽了她的演講，她的訪談，我們都會覺得她像生活在我們身邊的鄰家大姐。這位中國最大網上書店的女CEO個子不高，聲音柔潤，笑聲甜美，性格卻沉穩機敏，偶露鋒芒時，透出成熟睿智中散發著一種淡雅的香氣。當網路處在浮躁和殘酷的低迷時，俞渝有著超乎尋常的理性和平和，恰如挺立混沌湖水中的一支青翠荷蓮。

從俞渝優雅的外表，堅韌的性格上說，她顯然屬於那種幹練而富韌勁的女性。她的眼神平靜而富有穿透力，臉上掛著柔和的笑容，笑容裡有時帶著一絲狡黠。說話時是標準的北京口音，但像大部分的「海歸」派一樣，她的很多表達仍然夾雜著大量的英文單詞，聽起來頗有美感。

俞渝在華爾街打拼的五年期間，有了一個外文名字Peggy，朋友們都這麼叫她。在海外的多年工作經歷讓俞渝更為成熟，她說：「我覺得海歸有個優點，就是都被資本家修理過，會把你變得很有韌性，而且學習能力很強，相比中國的環境還是比較溫柔的。所以說，海歸中有一種亞文化，就是沒有它不能幹的事，沒有它不能去的地方。」

從拋開早年優厚的工作待遇到選擇去美國留學，從已在紐約躋身主流社會到毅然陪伴丈夫回國創業，回首走過的這一步步，俞渝顯得那麼從容。她有一句名言，「像總裁一樣思考，像秘書一樣工作」。俞渝說，在攻讀MBA時，她做的案子都是關於大公司的。她認為，案子拿到手，開始要像總裁一樣去思考全局，後來卻要像秘書一樣去做設計字體大小這樣的細節，這樣的訓練讓俞渝受益匪淺。

俞渝認為「像總裁一樣思考，像秘書一樣工作」，對於一個人的成長非常重要。站位高，有全局觀，同時關心細節的實施，對於管理界的女性來說更為重要，因為女性的弱點就是喜歡細節，容易成為「細節專家」而忽視其他。正是對總裁與秘書兩種性格的從容把握，俞渝才能夠在與丈夫的事業與愛情中處理好一切。

俞渝首先是當當網的聯合總裁之一，主管當當網的財務與人力資源，尤其是涉及到海外融資的工作，俞渝要投入更多的精力，作為總裁之一，她要把握全局，去協調各方利益。

在回國與丈夫共同創立當當網之前，俞渝就已經在華爾街做到了很高的職位。那時，有時開高層會議，一個屋子裡就她一個女性，俞渝的能力可見一斑。女性想做到高層很不容易，俞渝對此有獨特的看法。她說：「我仔細觀察過男性經理和女性經理，發現兩者在能力上、素質上沒什麼差別，但女性在搶佔和有意識地利用資源上不如男性做得好。你要幹事業，要做業績，就要說服別人，要搶佔資源，不停地抓住各種機會鼓吹自己的主意、自己的強項，而女性恰恰在這方面不像男性那樣主動，一般是寄希望於做好了讓老闆來發現自己、提升自己。在職業生涯的頭幾年，這帶來的不利還不太明顯，但在職業生涯的後來階段就越來越明顯。所以我們看到的結果就是女性CEO、CFO等高層管理者偏少。在華爾街的中層經理中，女性在員工數中占到四十%，但到了高級經理人則只占二%。」

因此俞渝很注重訓練自己像總裁一樣去思考，不要被自己作為女性的某些特質把自己遮蔽了，必須學會縱觀全局，統籌各方。

對於網上零售這樣一個瑣碎和細緻的行業，女人天生的細心與耐心被俞渝發揮得淋漓盡致。這也正是俞渝所說的「像秘書一樣工作」的含義之一。也許正因為如此，當當一路走來都比較穩健和有序。

俞渝說「按程式做事是我的習慣」，這大概是在美國鍛煉出來的做事方法，像電腦一樣，一件一件來做，講究程式。俞渝說：「我做完了一件事，就不願意重複第二遍，所以我可能會把很多東西模式化，範本化，就像我現在用的檔是我九三年的那個模式，我覺得，人的精力要發揮出高效率，做有意思的東西。」

曾經有一次，俞渝到鄉下過一個週末，把公司的部門經理都招過去開會，如果換成別人，這手機可能是一個上午都響著的，而她的手機是一個上午都不會響，因為他們每個人手裡都有一張清晰的圖，清楚地告訴他們哪個地方怎麼走，有什麼標示物，大概多遠，在什麼地方右拐等等。

這是俞渝的習慣：嚴格制定並尊重規則，同時保持適度的彈性。

俞渝所說「像秘書一樣工作」的另一個含義是自己做丈夫李國慶的秘書，像女秘書一樣去幫助與支持自己的丈夫。俞渝坦言，在生活中，她和丈夫都不是太挑剔的人，都不會太執著於自己的想法。到了公司，雖然兩個人名義上是當當網的「聯合總裁」，但俞渝只會給李國慶提出自己的看法，最終的主意都是經過商議後由李國慶來拿。俞渝的角色更像是李國慶的參謀，而不像與他平起平坐的聯合總裁。

李國慶做管理喜歡事必躬親，每每看著丈夫疲累的身形，俞渝就很心疼，於是就想了個法子，她借著出國的機會，從國際大公司的經驗裡整理了一份現代企業管理精髓資料，並把其中與丈夫平時作風不同的地方標出來，貼在床頭，此後，丈夫的工作習慣果然改了不少，自己的負擔減輕了，公司管理也更有序了。李國慶說，他已經習慣了由老婆來把關監督，他已經分不清這究竟是工作還是夫妻間的一種依賴了。

婚前的俞渝就是一個忙得滿世界飛的女人，婚後她的忙碌依然不減。每天早上六點三十分起床，邊收看美國和東南亞的電視新聞，邊準備簡單的早餐。七點三十分，為了讓丈夫多睡幾分鐘，自己搶著上網看一遍新書訊息，並做好記錄放在丈夫的案頭上，讓他一醒來就能看到。然後，俞渝開始看公司的財務報表、查閱訂單、引進圖書版權、策劃圖書選題。俞渝說，因為常有電視臺邀請做嘉賓或者去世界各地與同行交流經驗，她常常一年有三分之一的時間在飛機上度過，但她會用剩下的三分之二的時間經營好小家和「當當」這個大家。比如，李國慶過生日，不管再忙，俞渝都喜歡自己張羅，她認為這是別人不能替代的一項重要工作。

俞渝說，她每天工作的時間不會低於十一個小時，如果工作需要的話，她會在辦公室待到夜裡三、四點，也不會覺得不妥。她覺得，一個人每天都想往上跳一跳，和一個人每天都不跳，日積月累的變化是非常明顯的。並且是對於一個女CEO來說，俞渝認為很重要的是要學會很有技巧的堅持，女性比較容易放棄自己的想法，但是作為一個CEO來說，有的意見必須堅持。這時人們對待男人和女人的不同標準就顯現出來，一個女人堅持自己的意見，人們會認為她aggressive（張牙舞爪），而一個男人說同樣的話做同樣的事，人們只會說他assertive（立場堅定）。俞渝也遇過這樣的情況，她很堅持原則時，人們說她進攻性強，而如果一個男人堅持，人們則認為他很優秀。對於這種困惑，俞渝給女性CEO的勸告是：公司要有定例，有些事情必須堅持，不要考慮自己是女人，事情是中性的，沒有必要太多考慮性別。俞渝也認為自己個性比較偏中性。這既是優點也是缺點，有利之處是考慮問題現實，不利之處是趨於保守，可能錯過一些比較好的機會。

俞渝覺得女人更容易適應環境，男人是硬對硬的，女人是柔性的，在華爾街的中層經理中，女性在員工數目中占到四十%，但到了高級經理人則只占二%，俞渝覺得那是因為女性在職業上的潛力沒有發揮出來，有很多女人自己的思維定式妨礙了自己的發展，後來沒有走上去。

做事嚴謹也是俞渝的優點，而同時帶來的缺點就是看到別人不嚴謹就很著急，但她慢慢地懂得，不同的人有不同的做事方法，有困難的時候應學會包容。在當當網這樣的技術公司，俞渝覺得自己有很多東西不懂，如果對員工過多干涉，會窒息大家的思路和創新，所以她很授權。

一九九九年十二月，俞渝即被《光明日報》等十一家媒體評選為「一九九九中國互聯網新聞人物」，二〇〇一年二月獲中電通信杯二〇〇〇年中國IT十大風雲人物提名，二〇〇三年四月獲《英才雜誌》評選的「年度財智女性」稱號。二〇〇五年，俞渝應邀出席全球CEO論壇，與來自全球各地的CEO討論中國經濟的發展，其演講論題為「網路時代中國企業家的創新精神」。

賢妻良母：愛家的俞渝

俞渝非常忙碌，即使是現在，她每天工作的時間也不會低於十一個小時，但是俞渝並不是一個忙得忘記了自己、忘記了家庭、忘記了生活的工作狂。她愛生活，愛丈夫，愛她的家。

俞渝曾說：「我覺得對我影響比較大的是我外婆。我外婆有很多病，但是我外婆在什麼情況下都非常樂觀，你跟她在一起會覺得她很鎮定，很堅定，很勇敢。我外婆去世時我是二十七、八歲。我外婆從來都把日子過得很溫暖，從來家裡都是乾乾淨淨的，就是抄家被抄得什麼都沒有的時候，她也會把外衣剪破了當內衣穿，但是一定會讓全家人都很體面的生活。我覺得我外婆那種樂觀、堅定、想得開，對我的影響很大。」俞渝的外婆是一位普通的勞動婦女，也許正是這種普通婦女的某種特質，讓總裁俞渝活出普通人的精彩！

最早俞渝放棄在美國上流社會的生活，追隨丈夫李國慶回到北京，就讓很多人不理解，而俞渝只是輕描淡寫地說了一句：「因為我結婚了。」言語雖然平淡，平淡中卻顯現出俞渝對家庭對丈夫的重視。在俞渝看來，家庭是高於事業的。

可以說俞渝是丈夫李國慶的賢內助，在事業和家庭上都無私的支持著他。俞渝說，自己的職業和生活很特殊，是二十四小時都纏繞在一起的。夫妻兩人共同經營一個事業，從無到有，事業上、生活中，都有他們真摯深厚的感情。雖然二十四小時要做老闆娘，不可能像很多普通女人一樣每晚回家做飯，把家庭照料得很細緻，但她和丈夫的交流和溝通卻是二十四小時都在進行的，這也是他們感情一直很好，家庭一直美滿的原因。而維護一個美滿的家庭，除了給丈夫很多情感、生活細節上的關懷外，在事業上幫助他，做他的左右手更是至關重要的。只有他們心裡最清楚，對方在工作和生活上都是最出色最優秀的，此生將是彼此都不能缺少的一部分。

兒子是俞渝手心裡的寶。對外人談起兒子的時候，俞渝總是眉飛色舞，特別驕傲。

生完小孩後，俞渝與李國慶就曾約法三章，「不在臥室談工作，不帶情緒回家，每週必須有一天留給孩子，一個人出差另外一個必須留守公司和孩子。」為了兒子，李國慶、俞渝夫妻倆從來不同時出差。俞渝總願陪著兒子，給他講故事，給他寬鬆的成長環境。

對俞渝這樣一個忙碌的總裁來說，想要平衡家庭和事業、想要做一個完美的賢妻良母是需要付出許多額外努力的，對此，俞渝沒有任何怨言。當有一次被人問到如何平衡家庭和事業時，俞渝爽快地回答道：「不平衡！而且我乾脆放棄平衡這個想法，接受這一現實。有時候我們一家日子會過得很好，有時候亂七八糟。有時家就像一個學校食堂，一頓飯要開好幾撥，先是孩子吃，然後是我吃，最後是李國慶吃。」

這就是俞渝，當當網的聯合總裁，一個妻子，一個母親，一個女人。

時尚女人：愛美的俞渝

曾經有人這樣評價：「認識俞渝愈久，就愈發現她多彩的側面，她像一本令人難以釋手的書，越讀越精彩。」你會發現俞渝令人難以置信的時尚。和一些「她看上去不那麼有女人味」的傳言不同，現實中的俞渝並沒有一副悍然的女強人形象，穿著打扮都很精緻，也經常會與三兩好友一起去美容店做臉。她說：「我覺得一天如果能洗兩次臉，皮膚肯定好。因為我常常忙到晚上一回家落枕就睡著了，連臉也忘了洗。」俞渝愛美，愛生活。

俞渝是重慶女人，卻完全沒有山城辣妹子火暴焦躁的性格，她溫婉如江南女子。她很懂得打扮自己，看上去有種幽蘭之氣，皮膚是那種精心保養過的細緻，看得出，俞渝傲人的總裁身份背後，卻是很生活化的細膩女人。她說自己喜歡吃燒白（編注：即「扣肉」），但又怕長胖，所以總克制著。平時她是很注重自己形體改變的，她甚至還要求丈夫李國慶保持身材，禁止他過量攝入脂肪，結果李國慶年過四十，依然沒有發福，還保持著小夥子的矯健身材。

俞渝很時尚，屬於時尚潮人一族。她覺得世界上沒有醜女人，只有懶女人。「我讀大學的時候很挑剔，覺得這個人矮，那個人醜，到了一定年紀你會發現，其實每個人都有自己美麗的地方。這個世界上沒有醜女人，只有不會花心思照顧自己的懶女人。」

俞渝很享受時尚，經常參加時尚活動，她說：「時尚需要學習，很少有人天生能把衣服穿得有型。還有人認為時尚就是花錢，這是誤會，時尚讓人瞭解什麼叫精美事物，瞭解自己的特點和風格，只有瞭解自己的特點，穿衣打扮才能反映出自己最好的狀態。我欣賞那些時尚的人，他們把自己照顧得很好。巴黎街道上每一個女人都那麼美麗、時尚，就連一個咖啡女招待的圍巾搭配都那麼有味道，這其實是一種人生態度的境界。」

俞渝已經把時尚當成了一種生活態度，一種人生哲學，但是俞渝並不完全崇尚品牌，買衣服常常去小店，特別喜歡開司米的衣服，穿著好看一買就兩件。這和她的經濟頭腦有關，她常常說：花錢就是為了買方便，我從來不貪便宜買早班機票，一定要買我最方便起床時間的機票。

俞渝自信地說：「我比較會花錢，小的時候我媽給我一毛錢，我可以買回家三樣零食，一塊巧克力四分錢，一包米花四分錢，這就是八分，剩下二分買一包米紮糖。我要是出門旅行度假，我肯定是花錢最少，但住的、吃的、玩的都比別人更好的那種。」因此俞渝並不是那種為了購買國際名牌而花大錢的冤大頭，她更願意花儘量少的錢，取得更好的時尚效果。俞渝認為這也是一門學問，她說：「我買衣服不要求牌子，但對質地比較講究，比如純棉的，不穿人造纖維的。對牌子也不太講究，但由於我的購買方式決定了我會集中在幾個牌子上。我一般隔幾個月去一趟紐約，在商店裡既不看牌子，也不看價格，就看哪些衣服順眼就行。」

俞渝說時尚需要學習，這應該是切身體驗。她曾有一個與眾不同的觀點，在一個術業有專攻的時代，要做成事業，你必須相信專業人士。做人也是一樣的，我常常鼓勵女孩子「傍大款」，也就是結交那種比自己更優秀的人，「大款」絕對不是僅僅指財富，還指才華、悟性、美德……

這其中任何兩項，都能給人帶來愉悅。

時尚的俞渝也會傍大款，她願意跟時尚潮人在一起，提升自己對時尚的把握。在一次電視採訪中，俞渝曾戲言每個人都需要朋友，而朋友分兩種，一種是閨蜜型，俞渝的閨蜜是洪晃。洪晃是真正的時尚潮人，與大導演陳凱歌的婚姻糾葛本身就是時尚事件，同時洪晃也主辦多本時尚雜誌，領導著時尚潮流。

俞渝與洪晃早年相識，在美國期間又過從甚密，建立了深厚的閨中友誼，她們無話不談，在事業與愛情上互相支持。無形中俞渝也受了洪晃不少影響。俞渝說：「我家保姆所在的群體不會知道洪晃，但我辦公室的每個人都知道她。時裝界的編輯密切關注她說的每一句話。當她的書出版時，每個人都想知道她是否提到或調侃自己了。」

洪晃在社交場合總是衣著驚人，有時候俞渝也學習洪晃，在某些社交場合穿著大尺度的時尚服裝。這展現出一直保有主流價值觀的俞渝的另類一面。

除了洪晃這類閨中密友，俞渝還有一幫朋友，如著名歌手、主持人戴軍，歌星林依輪，原新浪總裁汪延等。戴軍談起與俞渝的友誼時說：「俞渝總是省小錢不省大錢。比如我過生日，她會花不少錢包下一個餐廳，並請人設計會場，簡直像要給餐廳重新裝修一樣，她覺得為朋友花錢值！但她有時候自己買衣服，會去日壇商務樓，一分錢一分錢還價，人家老闆認出是俞渝，她還挺不好意思的。也可能這樣還價比較有成就感吧！」

有了洪晃、戴軍、林依輪這樣的時尚潮流人物潛移默化的影響，時尚的俞渝變得更加時尚。

時尚、愛美的俞渝最喜歡的休閒方式就是旅遊。她的足跡早已遍佈世界各地，從美洲到歐洲，從亞洲到非洲，去馬來西亞潛水，去普吉島逛集貿市場……去過那麼多地方，俞渝最喜歡的還是東非，那裡豐富的自然景觀讓人目不暇接，有一望無際的平原，有高聳的吉力馬札羅山，還有溫暖柔軟的海灘……

第八章

十年堅守，一朝上市

二〇一〇年十二月八日，當當網成功駛入美國紐約證券交易所「納斯達克」的港灣，十年堅守換來的上市，不是在尋找避風港，而是為了未來更加寬廣的前進積蓄「能源」，為跨入世界商海更加努力的奮進。在一幕幕永不會完結的「春秋爭霸、七國爭雄、三國演義」裡，當當網站在新的起點迎接新的挑戰。

一、「噹，噹」，當當上市啦

「噹，噹」，美國華爾街紐約證券交易所，響起了閉市的鐘聲。

按照慣例，紐交所都會邀請上市公司的高管敲響開市或閉市的鐘聲。二〇一〇年十二月八日，這天有兩家中國公司在紐交所上市，一家是優酷，一家是當當，優酷CEO古永鏘在當地時間九點三十分敲響了紐交所開市鐘，當當網CEO李國慶被邀請敲響閉市的鐘聲。

下午，李國慶、俞渝來到紐交所，紐交所的門口陽臺上，當當網的橫幅和中國國旗隨風飄揚。

李國慶、俞渝、紐交所主席等一群人沿窄小的樓梯拾級而上，登上了一個樓臺，從這裡可以瞰視整個交易大廳。根據安排，俞渝按鈴，李國慶敲鐘。李國慶興奮地拿起了敲鐘的錘子，俞渝也準備按下鈴聲的按鈕，在距離敲鐘不到一分鐘時，李國慶突發奇想，一邊比劃一邊用中文對紐交所主席說：「我敲兩下行不行，寓意『當當』？」不懂中文的紐交所主席好像明白了，竟然同意了：「OK，OK。」

紐約當地時間下午四時整，俞渝按下了綠色的按鈕，鈴聲響起，李國慶敲響了鐘聲，「噹，噹」，宣告當天交易結束。

「我們有一種當了奧運冠軍的感覺。」俞渝說。

北京時間二〇一〇年十二月八日晚二十二點三十分，紐約時間二〇一〇年十二月八日上午九點三十分，當當網以超百倍的市盈率在美國紐交所掛牌上市發行，代碼「DANG」。當當網當天的開盤價二十四．五美元，較發行價上漲五十三％，首日收盤價二十九．九一美元，較十六美元發行價漲八十六．九四％。當天共融資三．一三億美元，俞渝透露其中一億分給了當當網的老股東，另外二億進入當當網。

招股書顯示，當當網CEO李國慶持股三十八．九％，擔任聯合總裁的俞渝持股四．九％，李國慶和俞渝夫婦持股總計四十三．八％，擁有公司控制權。夫婦兩人帳面財富達到了十億美元。面對巨額的財富，「SO，SO，一般般。」李國慶很淡定。

當當的員工也發財了。截至二〇一〇年九月二十日，當當網共有一千一百四十二名員工，其中倉儲物流及供應鏈的員工有七百九十人，市場人員有二十二人，技術和內容團隊有二〇二人，行政及總務人員有一百二十八人。這些普通員工（不包括高管）持有一千五百六十二萬股期權，按照上市首日的收盤價二十九．九一美元計算，價值九千三百四十三．九萬美元，人均約八萬美元，大約五十萬元人民幣。而這些期權的最低成本〇．〇六五美元，最高才一．二美元，也就是說，有的員工最高獲利數百倍。

一些當當網的員工擁有公司二百二十七萬原始普通股，這部分股票按照上市當日的收盤價值一千三百五十八萬美元。

當當的高管們收穫頗豐。當當網在上市前共派發了三千二百八十四．四萬普通股的期權，其數量占發行後總股本的八．三%，其中CTO戴修賢有一百六十萬普通股期權，按照上市首日的收盤價計算，戴修賢擁有的期權價值九百五十七．二萬美元，COO黃若、CFO楊嘉宏等共擁有五百一十六．七萬普通股，價值三千零九十萬美元。

風險投資人乘機退出。投資當當網十一年後，LCHG在當當上市時出售持有的一千二百五十萬股，套現四千萬美元。當日李國慶賣了六百五十萬股，套現二千零八十萬美元。

當當網上市的時機選得不錯，正趕上了一個網路投資小高潮。二〇〇九年三月，當當網聯合總裁李國慶宣佈當當網已經跨過了全面獲利的門檻，平均毛利率達到二十%左右，淨利率為三%，接近傳統零售業的獲利水準。「當當網啟動上市主要是因為二〇〇九年實現了整體獲利，同時收入也出現了增長，當當網管理層認為這是比較好的契機，於是開始推進上市進程。從開始接觸券商到上市成功，我們一共花了半年的時間。」俞渝說。

二、李國慶「出口成傷」

當當上市前三天，李國慶感慨萬千地發了一條一百四十字的微博：當我做為成功人士站在紐約，真為大陸崛起自豪。我在結婚前有過幾任女友，不是同時，相差半年多。那是出國熱的年代，每任都出國了，每次機場告別，我們相擁哭泣，但我都拍著對方後背說：不是我們不愛，是大陸太落後，哪裡能帶給你更精采的人生。不是個人悲劇是民族的啊。以至於我的老司機一見我戀愛就說：這回別被騙了。

發完微博，大哭的李國慶還沒有好好感嘆自己一路走來的艱辛，卻遭到國內無數嘲笑：暴發戶、炫耀、有錢了就狂……李國慶只好先收起自己沒乾的眼淚，趕緊道歉。

只有了解他的人才會明白，正如一位朋友微博說的一樣，這一百四十字裡，其實夾雜著奮鬥、艱辛、愛情、成功……回想十幾年前，自己曾負債百萬，天天被債主盯著，生怕自己跑了時的尷尬；想起自己孤身一人，拖著行李箱，在繁華的街頭，一家一家「毛遂自薦」；想起自己從安穩的智囊機構毅然退出創業，最後卻被女友譏諷在「垃圾堆上跳舞」時的無奈……李國慶當然感慨唏噓。

只是，率真的李國慶沒有整理清楚，於是口無遮攔地「出口成傷」，上市之後發的一條微博，引起軒然大波。

為做俺們生意，你們Y給出估值十~六十億，一到香港寫招股書，總看韓朝開火，只寫七、八億，別TMD演戲。

我大發了脾氣。老婆享受輝煌路演，忘了你們為啥竊竊私喜。

王八蛋們明知次日開盤就會二十億；還定價十六（億）……

次日開盤，CFO被股價嚇的（得）尿急，我說忍了這口氣，過了靜默期我再……

這可不是什麼詩，是當當CEO李國慶在自己微博上寫的一首帶粗口的搖滾歌詞，名為「虛偽」。短短數小時被轉發超過六千次，引發二千多條評論。李國慶在北大上學時，曾經組織過搖滾歌手崔健的演唱會。

「文學創作，是在影射。」李國慶說。

二〇一一年一月十五日上午十一時，李國慶在微博上感慨「什麼是成功的上市」，他說有兩條標準：一是市盈率，二是上市後一個月跌漲幅度在三十%以內。李國慶認為，上市前摩根士丹利為了拉到業務，曾對李國慶說公司可達到十~六十億元美元的估值，又藉口韓朝開火，在招股說明時調整為七~八億元美元，按十六美元正式發行價計算，當當網首次公開融資損失超過九億元。投資銀行為了自己的利益，故意壓價。

李國慶的微博掀起了猛烈反擊。在微博上最開始回應的「Sukki_Zhao」、「露西婭天氣」、「1094AF」等ID。雙方的對罵很黃很暴力，被網路廣泛轉載，「迷失的唯怡」微博粉絲從之前的數百人增加至萬人，三名「大摩女」名聲大振。在微博戰中，李國慶更是被大摩女用「吃軟飯」這種傷自尊的辭彙所激怒。

當當公司與摩根士丹利公司坐不住了，雙方的對罵完全超出了底線，可能傷及雙方的利益。十一年前，美林公司分析師用髒話罵過他的客戶，美國證券交易委員會罰分析師賠了四百萬美元。當當的股票可能遭到拋售。

二〇一一年一月十七日，摩根士丹利馬上發表聲明：「根據初步調查結果，我們相信此微博作者不是摩根士丹利的員工。」

面對輿論，俞渝各打五十大板，一邊稱摩根士丹利已經道歉，一邊說李國慶言辭不當，給雙方都留了臺階。「就李國慶本身來說，他無論是作為當當網的CEO還是一個孩子的父親，在網路公共領域中說了髒話，這個事情是挺錯誤的，也讓我挺尷尬。」俞渝批評李國慶說。當當網官方發布聲明，稱李國慶在微博中的搖滾歌詞屬虛構創作，為個人文學愛好；歌詞中出現京罵是錯誤的，不針對任何人。

以下為聲明全文：

近日，當當網CEO李國慶在個人微博上發表了自創搖滾歌詞，引發眾多關注和熱議。

一，李國慶在微博中的搖滾歌詞屬虛構創作，為個人文學愛好；

二，歌詞中出現「京罵」是錯誤的，但歌詞並未針對某企業或某個人進行攻擊；

三，歌詞確有影射某個行業中存在的不良現象，屬於仁者見仁；

四，李國慶針對微博中二～三人的污言穢語並未使用「髒」字回罵；

五，李國慶所創造的歌詞，初衷是自揭傷疤，從而對後來的創業者及即將赴美的上市公司進行警示；

六，微博的言論公開，歡迎大家評論，但不要使用不良語言，當當網贊成企業家在微博上暢所欲言，但需注意淨化空間；

七，無論是否喜歡李國慶的言論，都真誠地歡迎您到當當網購物。

李國慶愛較真，有點正義感。在上大學時，當著北大校長丁石孫的面，李國慶跟總務處長叫板。總務處長說，宿舍電話壞了沒必要修好，很多學生打電話談戀愛，耽誤學習。李國慶一激動，說：「你這個老昏庸，你修好電話就行了，管它是不是談戀愛?!」

特立獨行，行俠仗義，李國慶仍然保持了學生時代的熱情。

這場轟動一時的微博戰，僅僅是李國慶作為一個企業家、一個上市公司CEO，失去理智、橫生是非的鬧劇嗎？

《商界》認為：在公眾心目中，以李國慶的身份，應該是一種冷靜而理智的莊重形象。而他對自己的約束，遠沒有外界所期望的那麼局限。他出道時，父母只對他囑咐了兩句話：一是別太辛苦，賺多少錢不值；二是一定得守法，千萬別違法。激烈的微博戰背後，仍是李國慶那一腔澆不滅的熱血。他用異常極端的言辭打破了IPO企業與外資投資銀行間的默契。

事實上，外資投行幾乎壟斷了中國企業海外IPO的管道，在這一過程中，他們與IPO企業有著一致的利益大方向——把企業股票賣出去。但是，他們不只是企業的代理人，他們同時也是投資者的代理人，他們正是利用買賣雙方資訊的不對等來促成交易，體現自己作為仲介的價值。

且不說當當網是否被低估，中國企業的海外IPO長期遭受折價待遇，卻是一個不爭的事實。草根出身、野蠻生長的中國企業家們，面對陌生而複雜的海外資本遊戲規則，往往會顯得手足無措，這樣一來就只好被外資投行牽著鼻子走。IPO之後，雙方為了維護公眾形象，縱然有所不滿，也會對外粉飾成功、舉杯相慶。李國慶在微博上以一段「搖滾京罵」炮轟大摩壓低當當網發行價，那種延續已久的表面默契頓時蕩然無存，但是，這帶給人們一連串彌足珍貴的思考——企業與資本的溝通技能、中國資本市場的壯大、本土投資銀行的崛起……

「大摩女事件」後，李國慶沒有閒著。隨著京東劉強東的主動邀戰，李國慶迎面而上，兩人在網壇掀起一場價格大戰；而後二〇一一年三月，李國慶又開始砲轟百度和阿里巴巴；二〇一二年三月，艾瑞年會上，李國慶毫無顧忌地談對手京東、談對手淘寶，說劉強東，論馬雲，聊電子書，拉移動網路，能侃而毫不諱言：「零售不好幹，電商更悲催。網路CEO，就是出氣筒。」

出口成傷的李國慶就這樣「白天當當CEO，晚上當當微博控；想轉就轉，想發就發，微博紅人，想當就當。我會成為英雄的，但也會孤獨。」不過，幸虧有穩重的俞渝「管著」李國慶的大嘴，不至於讓率真的李國慶說出更多人不容易接受的率真語言。

三、當當大戰京東

「國慶，準備好了嗎？」

京東商城CEO劉強東在微博公開叫陣李國慶。二〇一〇年十二月八日，當當網上市了，京東用圖書大促銷來熱烈慶祝當當上市成功，這是一個耐人尋味的慶祝。

在京東的網站首頁，滾動廣告位放在第一位的是圖書大促銷，「滿一百元返十五元購物券，滿二百元返三十元購物券」，這個優惠相當於買圖書在現有折扣的基礎上又打了八五折。

李國慶對叫陣有點不屑一顧，在微博上回應說：「他們（京東）還剛十多萬種書，而當當網已經六十多萬種圖書。但由於送貨中的各種原因，總有三、五個顧客送貨延誤，我們要改的是這個三%的顧客速度體驗。」

劉強東不甘示弱：「國慶，我們的圖書品種已經二十二萬種了，你的抓取系統需要改進了。至於配送速度，客戶說了算。」

十二月十日下午，劉強東通過微博掀起了更大的價格戰。

先是「京東將調整價格比較系統，從十二月十四日開始，每本書都將比對手便宜二十%。」而後，劉強東對公司內圖書部門員工表示，「如果你們三年內給公司賺了一分錢的毛利或者五年內賺了一分錢的淨利，我會把你們整個部門人員全部開除！」

劉強東不允許公司的圖書部門獲利，一定要把價格戰進行到底。「當當網對京東商城封殺太狠，幾乎無法公平競爭，這是我創業十二年第二次被激怒！」劉強東在微博上解釋自己挑起價格戰的原因說：「封殺實質上就是一種暴利壟斷，試圖扼殺競爭，維護自己的既得暴利。」

當當網迅速以「賀當當網上市」為名，推出「圖書音像全場滿一百一十九返三十、滿一百九十九返五十、滿九百九十九返三百」的促銷活動。不過，兩天後，京東商城的圖書直降就停止了，理由是「為了維護合作出版社的利益」。

也許兩家折騰太厲害了。二〇一〇年十二月二十三日，京東商城CEO劉強東在微博上宣稱：「關於圖書大戰之事，京東商城和當當已經被新聞出版總署叫過去了，希望我們不要擾亂行業秩序。」

按照當當網公佈的招股說明書，二〇一〇年前九個月當當網銷售額為十五．七億元，利潤只有一千六百萬元，有人估計，當當每單可能只能賺五毛。如果再降價二十％，還要提供運費，只銷售圖書肯定賺不到錢。

當當要維持自己圖書市場的老大地位，二〇一一年三月十四日，當當網CEO李國慶放言：「如果和當當網拼低價，當當網一定會報復性還擊！」三月十五日當當宣佈，自即日凌晨起的四十八小時內，圖書/音像全場滿二百元將享受返還一百元的待遇。很快，京東商城推出「滿一百返五十、滿二百返一百」。

戰火迅速蔓延，另一家線上圖書零售巨頭、當當網的老對手卓越亞馬遜也加入戰團，宣佈「數十萬種暢銷書在網路最低價的基礎上再降二十％，免運費」。但卓越亞馬遜否認降價針對競爭對手。卓越亞馬遜顯然不甘寂寞，又宣佈將斥資一億元進行「史無前例」的大規模讓利。總裁王漢華透露，卓越亞馬遜之所以跟進圖書大戰稍晚，是因為在這期間需要做各方面的協調，並努力看是否能避免價格戰，但最終「不得不參加價格戰，如果不這樣做，對我的消費者是不公平的」。此後王漢華也擲出狠話，稱卓越亞馬遜不懼怕任何形式的價格戰，圖書大戰「你敢打我敢跟」。

當當網、卓越亞馬遜和京東商城三家網站，都把讓利促銷的消息掛在首頁最顯眼的位置。當當網打出了「讓利絕殺」的橫條，京東商城是「瘋狂返券」，卓越亞馬遜打出的則是「億元讓利」。

網上圖書價格戰之後，口水戰也一再升級。京東商城CEO劉強東再次語出驚人，自曝價格戰起源於當當網對京東封殺太狠，幾乎無法公平競爭。說當當網向所有出版社發郵件：京東商城以極低折扣銷售相關圖書，銷售折扣低至五一折，導致當當、卓越系統自動跟進此銷售折扣，嚴重影響到市場上所有合作客戶的利益。為了維護市場秩序，希望所有客戶禁止向京東商城批銷圖書。

當當網市場部人士隨即對「封殺」之說予以澄清，稱這封郵件是北京磨鐵文化公司撰寫並發給旗下經銷商的「通報函」，當當網有員工通過私人關係拿到此信，當其他出版商來探聽同行對京東降價的反應時，當當網員工將此信發送給他們作為參考，這一行為並不代表當當網官方立場，當當網也並沒有像京東方面所說要求出版社選邊，以合作相要脅，要求出版商停止對京東供貨。京東與當當網各執一詞，讓「封殺」變成了謎團，也使商戰變得更加煙霧彌漫。

不過，京東商城的降價潮卻遭受到出版社的聯合抵制。眾多出版社力挺當當網，稱沒有所謂的「封殺」一說。出版社一直在與京東方面交涉，但是京東一直採取的是拖延辦法，為此出版社已經決定給京東方面發去律師函，停止向京東供貨。聲稱「京東事先並未告知供應商將採取低價促銷的方式來銷售圖書，而這種低於進貨價銷售圖書的行為，雖然目前並沒有影響到供應商的直接利益，但將會影響整個市場的價格體系。」迫於供應商壓力，京東不得不調回原價，改為以返券的方式變相降價。不過，劉強東依然在微博裡放出狠話：「國慶你不收回封殺之手，京東的價格屠刀絕不歸鞘！」。

「兄，降價前要考慮好出版商的利益。我個人是不贊成降價的，因為羊毛出在羊身上。出版商利潤本來夠薄了，國外是禁止新書打折的。個人意見，供兄參考。」京東與當當打起來，盛大文學CEO侯小強勸說劉強東。

有人懷疑京東的動機，「京東網要做圖書，肯定先要做聲勢。目前當當剛上市，劉強東的微博又引起了社會的極大關注，此時炒作是最佳時機。」實際上，劉強東與李國慶很熟悉，大家平時都會在一起吃飯喝酒，他們是競爭對手，不是仇人。

至此，劍拔弩張的「微博口水戰」雙方似乎都有了偃旗息鼓的意思。價格戰背後的玄機在這場價格戰中，京東商城扮演了攪局者的角色，以一種進攻的姿態將戰場拉到當當網的主導領域，企圖通過價格戰跑馬圈地，打破當當網和卓越亞馬遜雄霸圖書市場的狀況。

當當網在價格戰中似乎傷得也不輕，開打之後當當網股價頻頻下挫，從二〇一〇年十二月十日收盤的三十二．七九美元跌到十二月二十日收盤的二十二．九二美元，跌幅超過三十％，直到二十二日才止跌回升。有分析師指稱，下跌原因正是占當當銷售額八十五％的圖書業務受到了京東和卓越價格戰的影響，讓投資者擔心當當的低利潤率進一步降低。不過，對當當網來說，就算沒有京東的「挑釁」，也會做年終促銷。這次的價格戰，也能將一些游離在其他網購平臺的用戶吸引到自己身上來。從市場行銷角度來看，此次的價格戰只是年終的品牌大推廣，而付出的幾千萬只是給將來的利益提前買單而已。

當當與京東的價格戰愈演愈烈，攪局者也越來越多。除了當當網、京東商城、卓越亞馬遜，凡客誠品、淘寶商城等也加入激戰，甚至連山西煤老闆也加入了廝殺。二〇一〇年底，酒仙網CEO葉曉麗稱，山西煤老闆將斥資十億元，建造全國最大酒類行銷網站酒仙網，並放言要把時尚的B2C模式用在酒類購銷上，複製出淘寶「淘衣服」的神話；而另一山西財團，則有意向嬰童服飾網上商城棉花寶寶注資。面對混亂的戰局，俞渝並無懼色：「當當要做最具有價格侵略性的零售商。」

四、烽火連綿，路漫漫其修遠

二〇〇四年，劉強東帶領京東商城正式涉足電子商務。二〇〇七年，原卓越網創始人陳年模仿PPG，創立凡客誠品。儘管同屬B2C行業，當當網與京東、凡客誠品及被亞馬遜收購的卓越網的經營模式有所區別。凡客誠品是自產自銷型企業，利潤空間相對較大。代銷類的B2C網站又分為兩種：一種是如母嬰類的紅孩子、電子類的京東商城等專業類網站，這類網站憑藉專業產品和服務，發展速度驚人；另一種則以當當網、卓越亞馬遜網為典型代表的綜合類B2C網站，走的均是規模化獲利道路。

京東商城、當當網和卓越亞馬遜是目前中國「自有庫存模式」B2C市場的三巨頭。但在圖書領域，京東商城只是「後來者」，但鑒於劉強東B2C市場競爭中長期表現出來的價格優勢，在二〇一〇年十一月一日宣佈推出圖書項目，又挖來前卓越亞馬遜分管圖書副總裁石濤擔任京東商城圖書採銷副總裁，業界就預言網上圖書價格戰將要展開，果不其然年底就大打出手。

京東商城起家於3C家電產品線上銷售，而當當網和卓越亞馬遜則從圖書音像等產品的線上銷售開始。京東商城擴大發展進入圖書市場，其實條件並不十分成熟，但京東商城執意闖入，並突發價格戰，業界普遍猜測京東商城是虛晃一槍，其真正目的是為了賺取用戶關注，同時通過此舉對外展示其向綜合性平臺分一杯羹的身手。這樣看來，京東商城與當當網高調交鋒，卻沒人在這場戰爭中吃虧。在這場價格戰中的挑戰者京東商城，無論勝負，只要將用戶吸引過來，並刺激用戶重複消費和關聯消費，就達到了發起挑戰的目的了。

價格戰是最低成本的有效競爭方式，但價格戰將加速市場的不健康發展。圖書市場競爭背後有著巨大的關聯利益，當當網必須重視還處於起步階段的京東圖書，而京東受到圖書市場潛規則限制，自然會奮起反擊。這僅僅是下一輪商戰的開始，也許正會如與當當網激戰了幾乎十年的老對手陳年所料「二〇一一年將是B2C行業血拼的開始」。

目前，B2C市場百貨化是一大趨勢，但業內人士認為，未來國內B2C市場或許只能容納一至二家開放平臺式的B2C百貨網上商城。可想未來的路上，會有多殘酷的競爭，鹿死誰手的確還是一個未知數。對此，俞渝表示認同，並自信的表示「如果有勝出者，我相信是當當」。

從當當網以往一貫的性格來看，上市後公司的營運和管理團隊的心態沒有太大變化。依舊是穩步發展，在收購方面、物流方面、擴展業務方面，完善平臺建設等走得十分穩健和出色，這正是一個成熟強大企業所具備的基本素養。但當當網上市後的未來路程還有待考察，借鑒一份來自i美股網站的財報分析顯示：當當網在二〇一〇年前三季度的資料中，出版物的銷售額占到了淨營收總額的八十四．二％。儘管在近三年中，當當網百貨銷售收入增幅呈加速化趨勢，其增長幅度也遠超出出版物銷售增幅。二〇一〇年前三季度當當網百貨銷售增長率達一百五十九．七％，而出版物銷售僅增長四十四．四％。這離當當網想「靠出版物和百貨兩條腿走路」還有很大的距離，並且在通往「網上沃爾瑪」的路途上，也充滿著各種各樣的危機，艱難險阻可想而知。

當當網的多元化經營，每個領域都已經盤踞著巨頭如京東商城、凡客誠品、淘寶商城等，戰局複雜。李國慶、俞渝明知這是一條充滿競爭和混戰的道路，但當當網大軍已經開拔，就沒有回頭的可能，有了以往的積累和沉澱，也本是飽經風霜，就沒有什麼懼怕的了，前方其路再茫茫，也會義無反顧的行將下去。

附錄

當當編年史

一九九六～一九九七年：分析亞馬遜模型，開始籌備、製作書目資訊資料庫

一九九七年六月：公司註冊成立

一九九七年七～八月：發行「中國可供書目」資料庫

一九九八年三月：幾百家書店和圖書館成為「中國可供書目」用戶

一九九九年十一月：網站www.dangdang.com投入營運

二〇〇〇年二月：首次獲得風險投資，IDG、LCHG和軟銀三家風險投資基金一共向當當網投資了八百萬美元

二〇〇〇年七月：參加香港書展，聲名雀起，揚名海外

二〇〇〇年十一月：舉辦周年店慶大酬賓，在網民中引起巨大回響

二〇〇一年六：開通網上音像店

二〇〇一年七月：日訪問量超過五十萬，成為最繁忙的圖書、音像店

二〇〇二年：用戶突破三百萬，成為中國最大的網上圖書音像店

二〇〇三年四月：在非典爆發期間，當當網堅持高速運轉，滿足讀者對精神食糧的需求，被文化部等四家政府部門首推為「網上購物」優秀網站

二〇〇三年五月一日：圖書市場正式放開後，首批有三家外資企業取得國家新聞出版署的批准，其中包括貝塔斯曼與二十一世紀連鎖的合資公司、當當網

二〇〇三年六月：當當、新浪、SOHO、網通等公司舉辦「中國精神」活動，呼喚開放樂觀的民族精神，引起轟動的社會回響

二〇〇三年十二月：成功融資一千一百萬美元，當當網估值達六千五百萬美元

二〇〇四年二月：獲得第二輪風險投資，著名風險投資機構老虎基金投資當當網一千一百萬美元

二〇〇四年三月：開通期刊頻道

二〇〇四年四月：開通時尚百貨專賣店

二〇〇四年七月：經慎重考慮，放棄亞馬遜一・五億美元的併購請求，堅持自主發展的道路

二〇〇五年一月：開通時尚百貨頻道

二〇〇五年一月：聯合總裁李國慶當選中國書刊發行行業協會副會長

二〇〇五年四月：提供貨到付款的服務擴展到全國六十六個城市，使中國電子商務的服務水準邁上新的臺階

二〇〇五年十二月：榮獲「中國互聯網產業調查B2C網上購物第一名、中國互聯網產業品牌五十強」稱號

二〇〇六年五月：北京市委書記劉淇、市長王岐山一行蒞臨當當網進行創意文化產業考察

二〇〇六年六月：提供貨到付款的服務在全國突破一百八十個城市

二〇〇六年七月：獲得第三輪風險投資，著名風險投資機構DCM、華登國際和Alto Global聯合投資當當網二千七百萬美元

二〇〇六年七月：與中國銀聯建立起全面戰略合作夥伴關係，並聯合推出「線上消費、線下刷卡」創新固網支付服務

二〇〇六年九月：推出電話支付業務

二〇〇六年十月：首推「個性化推薦」服務，將用戶網上購物體驗再次升級

二〇〇六年十月：科技書店上線，科技類圖書達到五萬種

二〇〇六年十月二十五日：個性化商品推薦功能正式上線

二〇〇七年一月八日：和北京新華中啟資訊技術有限公司簽署ERP專案一期工程，ERP專案總投資五百萬元

二〇〇七年三月：推出商品評論和商品問答功能

二〇〇七年四月：與中國出版工作者協會共同組織中國首屆網民讀書節

二〇〇七年四月：與包括飛利浦、歐萊雅、樂高等三百多個知名品牌達成合作，這些知名品牌的產品共同進駐當當網

二〇〇七年五月：占地面積達四萬平方米的新物流中心在北京投入營運

二〇〇七年八月：新的ERP系統上線，同時推出新的購物車和結算功能

二〇〇七年九月：推出教材頻道

二〇〇七年十月：買斷李宇春二〇〇七年新專輯《我的》版權，直接進入唱片出版發行領域，開闢「網路銷售＋地面發行」全新唱片銷售模式

二〇〇七年十月：推出自有品牌產品「Bond Street」襯衫

二〇〇八年四月：與中國出版工作者協會、中關村科技園區雍和園管理委員會聯合主辦中國第二屆網民讀書節

二〇〇八年五月：推出「全場購物滿三十元免運費」優惠政策

二〇〇八年六月：開始實施新的會員積分計畫

二〇〇八年七月：針對北京、上海、廣州、深圳四地進行物流大提速

二〇〇八年十月：新首頁上線，改版後的頁面突出了綜合購物商城的網站形象

二〇〇八年十一月：推出招商模式，加速品類擴展

二〇〇八年十二月：讀書頻道上線

二〇〇九年四月：與中國出版工作者協會、中關村科技園區雍和園管理委員會聯合主辦中國第三屆網民讀書節

二〇〇九年五月：成都物流中心啟用

二〇〇九年七月：正式推出招商平臺

二〇〇九年八月：正式獲頒12315綠色通道牌照，並開通12315用戶投訴專線，成為國內第一家獲此殊榮的B2C電子商務企業

二〇〇九年九月：手機當當網全面升級，並推出革命性的手機購買功能，在國內B2C電子商務領域，此舉尚屬首例

二〇〇九年九月：個性化推薦2.0重裝上陣

二〇〇九年十月：在北京地區為聯營商城商戶開通了COD（送貨上門、貨到付款）服務，今後將逐步為全國其他地區的聯營商戶提供此項服務

二〇〇九年十一月：提供貨到付款的城市超過七百五十個，成為服務範圍最廣泛的網上商城

二〇一〇年五月：占地一百六十畝的無錫物流中心啟動

二〇一〇年十月：成立數位業務事業部

二〇一〇年十二月：在美國紐約證券交易所成功上市，成為中國第一家完全基於線上業務、在美國上市的B2C網上商城

二〇一二年三月：當當網與國美電器結成戰略聯盟，這是國內電商的首次結盟

二〇一二年四月：當當網自創「當當優品」，旗下包括家居、家紡、服裝等多個貨品品類

二〇一二年六月：當當網正式入駐ＱＱ團購，當當網在庫銷售的七十九萬種圖書通過後台聯通，全部可以在ＱＱ網構平台直接購買

二〇一二年七月：當當網與樂淘網、特步結成戰略聯盟，一起探索新的價值模式

二〇一二年七月：當當網自有品牌「都看」電子閱讀器正式對外發布銷售

參考文獻

1. 麗蓓嘉·桑德斯，《亞馬遜網路書店傳奇》，北京：機械工業出版，二〇〇〇年
2. JASON DEAN，當當網總裁俞渝：創業初期制定標準可少走彎路，華爾街日報，二〇〇六年八月二十一日
3. 金錯刀，當當：從風波中亮相，金錯刀先生個人博客，二〇〇〇年五月五日
4. 唐凱林，俞渝：秘而不宣，英才，二〇〇三年第七期
5. 王美芬，「當當」融資秘傳，知識經濟，二〇〇〇年六期
6. 俞渝，「當當網」女總裁俞渝：做柔軟的幸福女人，莫愁，二〇〇七年第四期
7. 王如晨，當當網遭遇業績壓力 欲借第四次融資尋出路，第一財經日報，二〇〇八年八月二日
8. 王軍光，驚現價格殺手 網上購物「國美模式」是否可行?，北京青年報，二〇〇六年六月二十三日
9. 劉奇，俞渝：當夢想照進現實，京華時報，二〇〇八年十二月一日
10. 王晶，李國慶談「當當」模式 當當是中國的亞馬遜，經濟觀察報，二〇〇三年十一月十四日
11. 龍兵華，當當寶暫停營運 還會重推但時間不能確定，搜狐IT，二〇〇六年一月十五日
12. 陳明，李國慶：差點兒上了馬雲的當，浙商網，二〇〇六年四月十四日
13. 當當網李國慶：建設有中國特色電子商務，騰訊科技，二〇〇六年十月二十五日
14. 孫魚，當當網總裁俞渝：創新第一步是「抄襲」，騰訊科技，二〇〇六年九月二十五日
15. 劉洋，當當三個倉庫支撐三十萬種商品 圖書收入占四成，財經時報，二〇〇六年七月十六日
16. 蔣雋，克隆「國美模式」當當網將低價進行到底，金羊網，二〇〇五年十月二十六日
17. 粱欣，在模仿中重建新規則，證券時報，二〇〇四年六月三日
18. 曹一方，李國慶：夫妻雙雙響噹噹，商界，二〇一一年五月

Intelligence 08

當當網創業筆記

——李國慶與俞渝的事業與愛情

金塊文化

策　　劃：劉世英
作　　者：李良忠
發 行 人：王志強
總 編 輯：余素珠
美術編輯：JOHN平面設計工作室

出 版 社：金塊文化事業有限公司
地　　址：新北市新莊區立信三街35巷2號12樓
電　　話：02-2276-8940
傳　　真：02-2276-3425
E-mail：nuggetsculture@yahoo.com.tw

匯款銀行：上海商業銀行　新莊分行
匯款帳號：25102000028053
戶　　名：金塊文化事業有限公司

總 經 銷：商流文化事業有限公司
電　　話：02-2228-8841
印　　刷：群鋒印刷
初版一刷：2013年4月
定　　價：新台幣290元

ISBN：978-986-89388-0-9（平裝）
如有缺頁或破損，請寄回更換

團體訂購另有優待，請電洽或傳真

國家圖書館出版品預行編目資料

當當網創業筆記：李國慶與俞渝的事業與愛情 / 李良忠著.
-- 初版. -- 新北市：金塊文化, 2013.04
288 面 ; 17 X 23 公分. -- (Intelligence ; 8)
ISBN 978-986-89388-0-9(平裝)
1.創業 2.電子商店
494.1　　102005325

金塊文化

金塊文化